나보다 똑똑한 AI와 사는 법

북트리거

특이점이 온다!

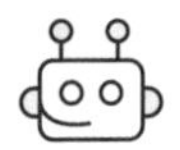

사건의 지평선 너머로

'사건의 지평선event horizon'이라는 용어가 있습니다. 우리에겐 노래 제목으로 친숙하죠? 이는 블랙홀에서 유래한 개념입니다. 블랙홀은 강력한 질량으로 주변 공간을 일그러뜨리고, 주변의 질량과 빛을 빨아들이는데요. 블랙홀의 중심에 가까울수록 중력으로 인한 공간의 왜곡은 점점 더 강해집니다. 얼마 이상 중심부와 가까워지면 더는 외부에서 관측할 수 없는 영역이 생기는데, 이 경계면을 사건의 지평선이라고 부릅니다. 그리고 그 내부에 존재하는, 밀도가 무한대인 공간을 '특이점singularity'이라고 부르죠.

이론상 특이점 내부에서는 공간의 왜곡 정도가 무한대로 발산하게 되므로 3차원 세상은 존재하지 않으며, 물리법칙이 전혀 성립하지 않습니다. 즉, 특이점은 우리의 기존 상식이 전혀 통하지 않게 되는 지점을 의미합니다.

기술적 특이점

'기술적 특이점technological singularity'이라는 용어가 있습니다. 바로 앞에서 설명한 블랙홀의 특이점에서 유래한 말입니다. 기술적 특이점은 존 폰 노이만이 처음 제안한 개념으로 알려져 있습니다.

블랙홀의 중심으로 접근할수록 시공간의 왜곡이 커진다고 말씀드렸죠? 그러다 어느 순간부터는 더 이상 블랙홀 밖으로 빠져나가지 못하게 됩니다. 거기서 조금 더 중심에 가까워지면 기존의 상식과 물리법칙이 통하지 않는 순간이 찾아오고요. 기술의 발전 역시 이와 같은 현상을 일으킬 수 있다는 것이 기술적 특이점이라는 개념의 핵심입니다.

기술이 진보함에 따라 새로운 기술의 개발 또한 가속화됩니다. 그러다 보면 어느 순간부터는 인류가 기술 발전의 속도를 통제할 수 없는 때가 올 것입니다. 여기서 조금 더 시간이 지나면 인류가 지금까지 쌓아온 경제학적·사회과학적인 상식이 모조리 무용지물이 되는 시점이 찾아올 것이고요. 지금까지의 상식, 산업, 직업, 지식, 경력이 폐기될지도 모릅니다. 그러면 새로운 시대상에 맞는 생활 방식과 역량이 요구되겠지요.

이에 영감을 받은 많은 과학자와 소설가가 개념을 보충하기 시작했으며, 구체적인 예측을 토대로 미래학자들이 이론을 개발하며 개념이 완성되었습니다. 저명한 미래학자이자 인공지능 전문가로서 구글 딥러닝 엔지니어링 이사로 재직 중인 레이 커즈와일의 예측을 기반으로 특이점이 언제 어떻게 찾아와 우리의 삶을 바꾸어 놓을지 생각해 봅시다.

특이점은 온다

문자의 발견 이후 인류는 지식을 후대로 전승하며 일종의 세이브로드save&load, 즉 저장 및 불러오기가 가능한 시스템을 구축했습니다. 지식은 새로운 지식을 생산하는 도구가 되었고, 진보는 새로운 진보를 가속하는 장치가 되었습니다.

게다가 어느 순간부터는 과학적 사실을 남들보다 먼저 알아내어 대중에게 공개하는 일이 미덕이자 명예로 여겨지기 시작했습니다. 사람들은 타인이 발견한 최신 지식을 보다 쉽게 습득하고, 이를 토대로 더욱 큰 발견을 해낼 수 있게 되었습니다. 선대에서 후대로, 후대에서 또 다음 세대로 물려준 지식을 활용하여 인류는 세상을 더욱 빠르게 바꾸어 나갑니다.

이런 시스템이 장기간 안정적으로 운영되면서 인류의 기술 발전 속도는 지수함수적으로 증가해 왔습니다. 그런데 최근 인공지능 기술이 급속도로 발전하며 묘한 긴장감이 형성되고 있습니다. "만약 인공지능이 사람보다 똑똑해지면 어떻게 될까?"

이 시대 미래학자들이 예측하는 특이점의 가장 직접적인 원인은 바로 인간을 뛰어넘는 인공지능의 출현입니다. 인공지능은 잠도 자지 않고, 밥도 먹지 않으며, 영장류의 출현 이후부터 지금까지의 모든 지식을 학습하는 데에 한 달도 걸리지 않습니다. 이러한 인공지능의 지성이 인류의 지성을 초월하는 순간을 바로 기술적 특이점으로 정의합니다.

특이점 이후 지식은 의미를 상실한다

특이점이 온 뒤로는 인간이 아무리 노력해도, 노벨상 수상자들이 모두 모여 머리를 싸매도, 인공지능보다 더 빠른 속도로 지식을 창출하는 것은 불가능할 겁니다. 인공지능은 누구보다 먼저 새로운 지식을 찾아내어 학계에 발표할 것이고, 한편으로는 자신보다 똑똑한 인공지능을 직접 개발해 내기도 할 것입니다.

이제 AI는 와이파이를 타고, 5G나 6G 신호를 타고 언제 어디서나 우리 주변에 존재하게 될 것입니다. 뛰어난 수학자가 수년간 고민해야 답을 구할 수 있는 문제가 있다고 칩시다. 이제 허공에 대고 물어보면 AI가 1초 안에 답을 구해 스피커로 들려주는 세상이 올 겁니다. 그뿐이 아닙니다. AI는 이전에 없었던 새로운 원리를 활용해 발명품을 만들어 낼 것입니다. 아무리 똑똑한 사람도 그 작동 원리를 단번에 이해할 수는 없을 겁니다.

우리는 도태될까?

그렇다면 특이점 이후 대부분의 인류가 도태되지 않을까 겁이 날 수도 있습니다. 어쩌면 우리는 인간보다 뛰어난 AI가 만든, 인류가 이해할 수 없는 첨단 기술들의 혜택을 누리며 살게 될 수도 있습니다. 그런데 잘 생각해 보면 이는 지금도 다르지 않습니다.

여러분은 스마트폰의 작동 원리를 모릅니다. 내부에 들어간 프로세서가 현재 몇 암페어의 전력을 소모하고 있는지, 카메라의 센서 면적이 몇 제곱센티미터인지 전혀 모르고, 카카오톡이 텍스트와 동영상을 전송하는 방식이 어떻게 다른지 설명하지 못하며, 인스타그램에 올라간 사진의 압축 방식에 대해서도 자세히 알지 못할 것입니다.

이미 인류는 극소수의 전문가들만 원리를 이해할 수 있는 도구들을 손에 든 채 살아가고 있습니다. 따라서 특이점 이후에도 대다수 사람들의 삶은 크게 달라지지 않을지도 모릅니다. 그렇기에 인공지능 알고리즘을 개선하고, 인공지능을 유지·보수할 수 있는 엘리트가 특권 계급이 되어 막대한 부를 누리게 되겠지요.

인류는 죽음을 극복할 것이다

레이 커즈와일은 특이점 이후 인류가 죽음을 극복할 것이라 주장합니다. 말도 안 돼 보이지만 아주 허황된 주장은 아닙니다. 세포 단위에서는 연구가 많이 진행되었거든요. 분화가 끝난 세포의 시계를 되감아 줄기세포로 되돌리는 유도만능줄기세포라든가, 노화된 세포를 다시 젊은 세포로 되돌리는 등의 기술은 이미 나와 있습니다. 단지 인체를 구성하는 모든 세포를 한꺼번에 젊어지게 만드는 기술, 수없이 많은 세포들을 균등한 비율로 밸런스를 유지하면서 천천히 젊어지게 만드는 기술이 아직까지 만들어지지 않았을 뿐입니다.

그런데 여러 개의 복잡한 작업을 한 번에 처리하거나, 수천억 개의 예상 시나리오를 분석해 최적의 해를 찾는 것은 AI가 아주 잘하는 일입니다. AI의 지능이 일정 수준을 돌파하면 인간을 다시 젊어지게 만드는 기술은 빠르게 만들어질 것이며, 인류는 급기야 노화와 수명의 한계를 극복하게 될 겁니다.

레이 커즈와일은 이와 같은 기술이 2030년까지 만들어질 것이라 주장합니다. 다만 비용은 많이 비싸겠지요. 뒤에서 조금 더 상세하게 논할 것인데요. 앞으로는 빈부의 격차가 인류를 불사자不死者와 필멸자必滅者로 나누게 될 것이며, 이는 보다 실체적이고 현실적인 신분의 격차로 이어질 것입니다.

특이점 이후의 세상은 어떤 모습일까?

AI를 관리할 수 있는 극소수의 엘리트들을 제외하면 사람은 더 이상 새로운 지식을 생산하는 일에 종사하지 못할 것입니다. 자연스레 대학교의 필요성도 줄어들 것이고요. 2020년까지 만들어진 AI 기술이 향후 인류의 직업 50% 이상을 소멸시킬 것이라 전망되는데, 과연 특이점에 도달한 이후에는 어떨까요?

아마 인류는 지금보다 덜 똑똑하게, 하지만 조금 더 행복하게 살아가게 될 것입니다. 여기에 대해 조금 더 이야기해 보겠습니다.

더 이상 사람을 고용할 필요가 사라지게 되며 인류는 경제적 가치를 창출하는 활동을 중단하고 기본소득을 받게 될 것입니다. 기본소득은 일을 하지 않아도 국가에서 지급하는 일종의 생활비입니다. 다만 정말로 아무 일도 하지 않는 것은 아니고, 우선적으로 요양원의 노인을 돌보는 일을 하게 될 것이라는 전망이 현실성 있어 보입니다. 도덕적인 문제 때문에라도 상당 기간 노인 돌보기는 AI가 아니라 인간의 업무가 될 가능성이 높으며, 자발적으로 노인을 돌보는 사람들은 기본소득보다 더 높은 월 소득을 받게 되는 등의 혜택이 주어질 것입니다.

선진국들은 이미 기본소득제에 대한 논의를 활발하게 진행하고 있으며, 핀란드는 2017년부터 2년에 걸쳐 사회 실험까지 마쳤습니다. 실업률이 9%에 육박했을 때 실시한 실험으로(참고로 최근 5년간 한국의 실업률은 5.5% 미만), 25~58세의 실업자 2,000명을 임의로 선정하여 아무런 조건 없이 매월 약 80만 원을 지원하는 내용이었습니다. 기본소득을 받은 사람들은 대체로 더 열심히 노력하여 취업을 하려 하지는 않았습니다. 하지만 삶의 질은 크게 향상되었다고 말합니다.

이런 결과는 인간이 딱히 일을 통해 자아실현을 하지 않더라도 경제적 형편이 안정되면 그럭저럭 행복하게 살 수 있다는 사실을 보여 줍니다. 인공지능에게 모든 것을 일임하고, 적당히 노력하며 생활비를 받으면서 살아가는 삶이란 썩 나쁘지 않을지도 모르겠네요.

누가 권력을 가질까?

특이점이 온다면 아마 국정 운영마저도 인공지능이 하게 될 수 있습니다. 인공지능은 인간과 달리 뇌물이나 부정 청탁을 받지도 않으며, 참모진이 아니라 전 국민의 목소리를 들을 수 있고, 24시간 내내 일만 할 수도 있습니다. 그러니 소수의 특권계층을 제외한 대부분의 사람들은 인공지능이 정권을 차지하는 것에 별로 반대하지 않을지도 모릅니다.

물론 이와 상반된 의견도 팽팽합니다. 정치에서는 효율성만이 우선시되지 않으며, 이념의 갈등과 기득권의 반발을 조정하는 과정이 쉽지 않으리라는 겁니다. AI가 기득권의 계좌를 해킹해 모든 재산을 날려 버리지 않고서야 실현 불가능할 것이라는 과격한 예측도 있고요.

그런데 과연 그 시점의 정치권력에 대해 논할 필요가 있을까요? 특이점을 유발할 만큼 성능이 뛰어난 AI를 만들 수 있다면, 사실상 특이점 이후의 모든 권력을 손에 쥔 것과 마찬가지입니다. 경제, 사회, 문화를 비롯하여 인터넷으로 연결된 모든 곳을 장악할 테니까요. 세상의 모든 상품은 AI가 제조한 물건일 테고, 우리가 먹는 것 역시 AI가 요리한 음식일 겁니다.

정말 그렇게 된다면, 특이점을 돌파한 인공지능을 제작한 회사가 사실상 지구를 장악했다고 봐야 하지 않을까요? 이게 바로 마이크로소프트나 구글 같은 대기업들이 천문학적인 돈을 들여 가며 AI를 개발하는 이유입니다.

특이점은 빠르게 온다

그렇다면 특이점이 오는 시점은 언제일까요? 2005년 당시 레이 커즈와일은 2045년쯤에 특이점이 올 거라고 예측했습니다. 그런데 2022년 11월이 되자 많은 이들이 2025년 이전으로 앞당겨 말하기 시작했습니다. 왜냐하면 그때 출시된 ChatGPT라는 인공지능이 너무나도 똑똑했거든요. 이에 대해서는 뒤에서 상세히 다룰 예정입니다. 아무튼 ChatGPT는 이 책을 읽고 있는 여러분보다도, 이 책을 집필한 저보다도 똑똑합니다. 대학 교수들도 자기보다 ChatGPT가 똑똑한 것 같다는 데 어련할까요.

더 놀라운 사실은 ChatGPT가 2020년에 만들어진 기술이라는 점입니다. 그러니 2023년 현재 기업들이 공개하지 않은 최신 기술은 이미 특이점을 유발할 만큼 똑똑할 거라는 예측도 할 수 있겠죠.

확실한 건 우리의 예측보다 이른 시점에 특이점이 도래하리라는 것입니다. 그저 과거의 성공 모델을 따라가려 한다면 4차 산업혁명이라는 완전히 새로운 흐름 안에서 살아남을 수 없습니다. 그러니 배우고 준비해야 할 것들이 분명 많이 있겠죠?

지금부터 인공지능 기술의 눈부신 발달 과정을 살펴보고, 4차 산업혁명 시대의 다양한 기술 분야를 이야기해 보겠습니다.

목차

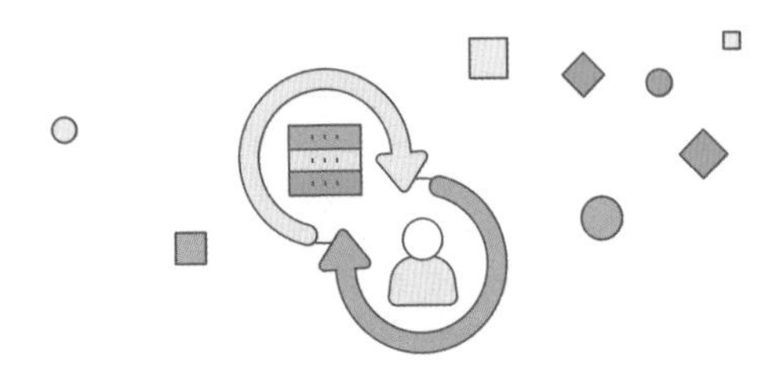

3부 오래된 질서를 뒤집는 기술

4부 지금까지의 경험으로는 이해할 수 없는 신세계

1부

기술의 발전은 점점 더 빨라진다

4차 산업혁명 이후 세상이 달라질 거라고 여기저기서 말합니다. 시간의 흐름에 따라 기술이 발달하는 건 당연한데 왜 이렇게 호들갑일까요? 이유가 있습니다. 기술의 발전 속도가 점점 빨라지다 못해 이제는 업계의 최전선에 있는 전문가들도 감당할 수 없는 수준에 이르렀기 때문입니다.

이 속도가 어느 수준을 돌파하면, 그 뒤로는 지금까지의 상식이 통하지 않는 세상이 찾아옵니다. 이를 기술적 특이점technological singularity이라 부릅니다.

1부에서는 기술 발전을 가속시키는 IT 산업의 현황을 알아보겠습니다.

고래 싸움에 신난 새우들

[브라우저 전쟁]

혁신의 화려한 시작

인터넷이라는 거대한 가상 세계를 탐험하려면 브라우저라는 도구가 필요합니다. 브라우저는 인터넷 세상 속의 정보를 시각적으로 표현해 주는 편리한 도구입니다. 여러분이 매일 사용하는 크롬, 마이크로소프트 엣지, 사파리 등이 대표적이죠.

웹 브라우저가 처음 등장한 것은 1990년입니다. 당시에는 웹 페이지 내부에 사진을 삽입하는 기능조차 없었습니다. 사진을 보려면 별도의 팝업 창을 켜야만 했지요.

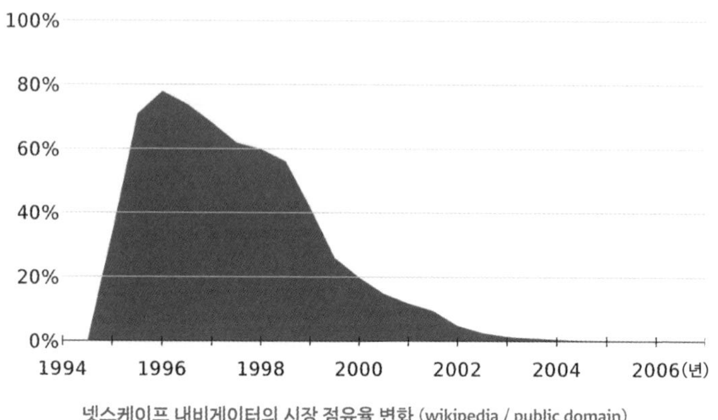

넷스케이프 내비게이터의 시장 점유율 변화 (wikipedia / public domain)

그러던 중 1994년에 마크 앤드리슨은 22세의 나이로 넷스케이프 커뮤니케이션즈라는 회사를 설립하고 웹 브라우저 사업을 시작했습니다. 당시 앤드리슨의 넷스케이프 내비게이터는 엄청난 인기를 끌었습니다. 요즘 브라우저와 마찬가지로 사진을 웹 페이지 본문에 삽입할 수 있는 등, 당시로서는 상상도 못 할 기술들이 적용되었거든요.

넷스케이프 내비게이터는 세상을 바꿔 버렸습니다. 모든 기업들이 웹 페이지에 디자인적 요소를 가미하기 시작했으며, 오프라인의 많은 정보들이 온라인으로 옮겨 가기 시작했습니다. 한 사람이 일으킨 혁신이 전 세계의 정보 흐름을 바꿔 버린 대사건이었습니다.

그 당시에는 인터넷 브라우저와 같은 첨단 소프트웨어를 상업적 목적으로 쓰려면 돈을 내는 것이 당연했습니다. 그런데 한 제품의 시장 점유율이 80%에 육박한다면 돈을 쓸어 담겠죠. 요즘 시대에 이런 회사가 있다면 그 회사의 주식은 폭등할 겁니다. 당시에도 사람들은 넷스케이프가 꽃길만 걸을 것이라 생각했습니다. 투자자들도 열광했고요. 이런 상황을 조용히 지켜보며 입맛을 다시던 사업가가 있었습니다. 그의 이름은 빌 게이츠입니다.

1차 브라우저 전쟁:
마이크로소프트의 세계 정복

마이크로소프트(이하 MS)는 전 세계에서 가장 커다란 기업 중 하나입니다. 그러나 원래부터 MS가 이렇게 강력한 시장 플레이어였던 것은 아닙니다. MS가 전 세계를 좌지우지할 수 있게 된 가장 중요한 계기는 바로 넷스케이프를 잡아먹은 것입니다.

빌 게이츠는 넷스케이프의 성공을 지켜보며 시장 점유율을 빼앗아오기 위해 고민했습니다. 그리고 넷스케이프 내비게이터의 전신인 모자이크 브라우저의 라이센스를 산 뒤 인터넷 익스플로러Internet Explorer를 개발합니다. 당시 인터넷 익스플로러는 넷스케이프 내비게이터와 비슷한 수준의 성능을 갖추고 있었습니다.

그다음 빌 게이츠는 인터넷 익스플로러를 윈도우 운영체제(OS)의 내장 기능으로 채택하여 무료로 배포합니다. 당시 넷스케이프 내비게

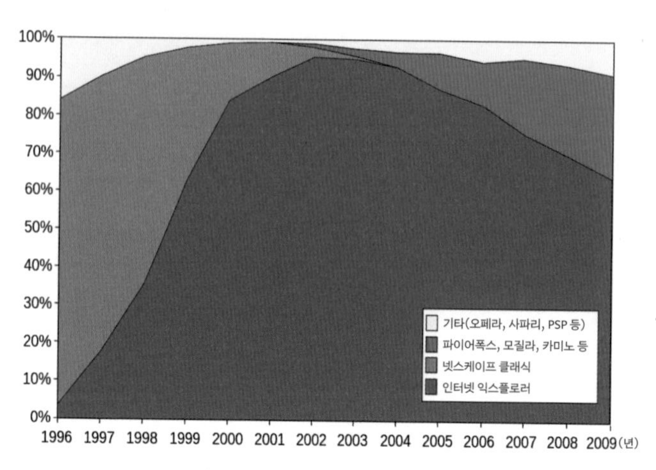

브라우저 전쟁 (wikipedia / wereon)

이터는 윈도우, 리눅스, 맥 3개의 대형 운영체제에서 고루 사용되던 프로그램으로, 많은 기업에서는 컴퓨터 하드웨어와 운영체제, 브라우저까지 3중으로 지출을 해야만 했습니다. 그런데 이미 보급률이 높았던 윈도우가 무료로 고성능 웹 브라우저를 끼워 팔면서 시장의 균형이 무너지기 시작한 것입니다.

더 이상 비싼 돈을 내면서 브라우저를 추가 구매할 필요가 없어지자 리눅스와 맥을 사용하던 회사들은 생각을 바꿨습니다. "이왕이면 웹 브라우저까지 무료로 제공하는 윈도우로 교체하는 것이 낫겠군!" 하고 말입니다.

2002년경 MS의 인터넷 익스플로러는 전 세계 점유율 93%를 달성합니다. 넷스케이프가 사실상 폐업하도록 만든 것이죠. 기술적 혁신으로 기득권이 된 넷스케이프를, MS가 기술력의 규모로 압도하며 누른 것입니다. 넷스케이프가 운영체제를 제작할 여력이 있었다면 MS에 대항해 볼 수 있었겠지만 그 정도의 기술력을 갖고 있지는 못했습니다.

빌 게이츠의 판단은 역사를 바꾼 혜안이었습니다. 기득권이 시간과 노력을 투자해 개척해 둔 시장을 잡아먹은 후발 주자가 대표 사례입니다. 이 무렵 MS가 확보한 무시무시한 시장 점유율은 현재까지도 MS사의 큰 자산입니다. 현재 윈도우의 시장 점유율은 76%가량으로 압도적인 1위입니다. 2위인 애플과의 격차는 4.5배가량이고요.

그러나 행복은 오래가지 않았습니다. 이 상황을 조용히 지켜보던 어떤 중소기업이 2008년 무렵 갑자기 칼을 꺼내 들었거든요. 그 중소기업의 이름은 구글입니다.

2차 브라우저 전쟁:
구글의 세계 정복

2004년에 민간 비영리재단인 모질라 재단에서 인터넷 익스플로러의 독과점에 반발하며 모질라 파이어폭스 브라우저를 무료로 공개합니다. 파이어폭스는 인터넷 익스플로러에 비해 압도적인 속도와 성능을 보여 주며 인터넷 익스플로러가 차지하고 있던 점유율을 야금야금 갉아먹습니다. 그렇게 파이어폭스가 30%에 달하는 점유율을 확보할 무렵 구글은 갑작스럽게 크롬 브라우저를 출시합니다.

2008년 12월에 정식 버전이 출시된 크롬은 3년이 채 지나지 않은 2011년 8월에 전 세계 점유율의 30%를 달성하고 말았습니다. 그로부터 반년 뒤에는 인터넷 익스플로러의 점유율마저 넘어서며, 출시된 지 4년 만에 세계 1위 자리를 차지합니다.

이후 MS는 완전한 패배를 선언하며, 윈도우에 내장된 엣지 브라우저를 크롬 엔진인 크로미움으로 제작하기에 이르렀습니다. 윈도우 11부터는 아예 인터넷 익스플로러를 삭제했고요. 결과적으로 윈도우에도 크롬이 기본 탑재된 거나 마찬가지인 상황이 벌어졌습니다.

이렇게 구글의 승리로 브라우저 전쟁은 일단락되었습니다. 이외에도 자바스크립트JavaScript라 불리는 도구를 두고 중간중간 많은 이권 다툼이 있었죠. 자바스크립트는 현재 전 세계에서 가장 많이 사용되는 프로그래밍 언어로, 여러분이 알고 있는 모든 웹 페이지가 자바스크립트로 구동되고 있습니다.

소비자에게 브라우저 전쟁이 큰 영향을 끼쳤다면, IT 기술의 본질적 발전과 4차 산업혁명에는 자바스크립트를 두고 벌어진 다툼이 더 크게 기여했지만 여기서는 넘어가고 중요한 내용만 요약해 봤습니다.

자, 이제 사건을 다른 각도에서 다시 바라보겠습니다.

브라우저 전쟁은 세상을 어떻게 바꾸었나?

이 브라우저 전쟁이 우리의 삶에 어떤 영향을 끼쳤을까요? 앞서 말했듯 이전에는 웹 브라우저를 유료로 구매해야 했습니다. 브라우저 전쟁이 없었다면 우리는 최신 스마트폰을 산 다음 인터넷에 접속하기 위해 비싼 브라우저 소프트웨어를 또 사야 했을 겁니다. 그랬다면 인터넷 보급률이 현저하게 낮아졌겠죠. 업무 목적으로 회사에서 브라우저를 구매하는 경우가 아니라면 일반인이 인터넷에 접속하려는 수요 자체가 생겨나지 않았을 것입니다. 그러므로 틱톡이나 인스타그램, 유튜브 같은 서비스도 없었겠죠.

브라우저 전쟁은 대기업이 산업 생태계를 장악하기 위해 벌인 경쟁입니다. 이타적인 동기로 시작된 것이 아니라 이윤 추구와 경쟁력 확보라는 기업의 본질에 충실한 행위였습니다. 하지만 그 결과, 온 세상 사람들이 인터넷을 탐험하기 위한 소중한 도구인 브라우저를 사용할 수 있게 되었습니다. 이익 집단의 이기심이 세상의 발전에 크게 이바지한 셈입니다. 이 패턴을 유심히 기억하기 바랍니다.

브라우저 전쟁은 기술 혁신의 교과서적인 형태라 할 수 있습니다. 넷스케이프를 이긴 MS는 전 세계 시가총액 1, 2위를 다투는 초거대 기업이 되었습니다. MS를 이긴 구글은 당시의 MS보다도 훨씬 큰 기업이 되어 전 세계를 제패하게 되었지요.

짧아지는 혁신의 사이클,
숨차게 달려야 하는 우리

혁신을 주제로 한 경쟁의 파급력은 좁은 영역에 그치지 않습니다. 애초 웹 브라우저를 두고 시작된 싸움은 운영체제와 온라인 서비스 전반에서 펼쳐지는 첨예한 대립으로 이어졌으며, 그때 기회를 잡은 강자들은 방심하지 않고 새로운 시대의 흐름을 주도하고 있습니다.

MS와 구글은 후발 주자에게 따라잡히는 것이 어떤 의미인지 누구보다 잘 알고 있기 때문에 천문학적인 돈을 연구 개발에 아낌없이 투자하고 있습니다. 우리나라 대기업의 한 해 매출에 해당하는 금액이라고 하죠. 그 과정에서 AI 산업이 눈부시게 발전하며 더 편리한 세상이 찾아오고 있고요.

새롭게 등장한 누군가가 시대에 뒤처진 경쟁자를 잡아먹으며 세상의 흐름을 제 입맛대로 설계하는 것이 바로 기술 혁신의 본질이며, 우리가 매일 뉴스에서 접하는 현상입니다. 현대인은 새로운 기술이 기존 산업의 강자를 추락시키고 그 과정에서 세상의 흐름이 실시간으로 바뀌어 가는 것을 지켜보며 살아갑니다.

4차 산업혁명은 기술 발전의 결과물이며, 그 결과물은 대부분 초거대 기업의 경쟁 과정에서 보급됩니다. 그리고 브라우저가 보급되며 IT 산업 자체를 만들어 냈듯, 기업 간 경쟁의 결과물이 새로운 산업을 창조하며 세상을 몇 단계 진보시키고 있습니다. 이것이 4차 산업혁명의 패턴이자 본질이고, 전부라고 할 수 있습니다.

변화의 주기 역시 점점 짧아지고 있습니다. 1차 브라우저 전쟁은 6년간, 2차 브라우저 전쟁은 3년간 치러졌습니다. 심지어 코로나19 팬데믹 이후 우리가 사는 세상은 몇 개월 주기로 현저한 변화를 겪고 있습니다. 브라우저 전쟁보다 훨씬 더 파급력이 큰 사건들이, 불과 한두 달 사이에 일어났다가 수그러지는 정신없는 시대입니다.

NFT 열풍은 수십조 원의 자금을 움직이다가 2022년 후반부터 급격히 인기가 식었고, 메타버스 열풍 역시 세계경제를 견인하나 했더니 2023년이 된 지금에는 시들한 주제입니다. 그 와중에 2023년 초에는 ChatGPT라는 주제가 급부상해 세상을 떠들썩하게 만들었습니다. 이 열풍은 과연 얼마나 지속될까요? 또 그 과정에서 얼마나 많은 직업이 새롭게 생겨났다가 다시 사라질까요?

변화는 굉장히 중요한 신호입니다. 특히 아직 사회적 성취를 쌓지 않은 청소년들에게는 더욱 소중한 기회입니다. 여러분의 경쟁자는 또래 집단이 아니라 이미 사회에서 큰 부를 형성하고 있는 기득권들입니다. 급격한 변화는 여러분들이 기득권을 제치고 단기간에 성장할 기회가 되기도 합니다.

반면 준비되지 않은 사람에게 변화란 괴로운 일이겠죠. 부모님 세대의 성공 공식을 그대로 답습할 계획이라면, 세상의 변화와 함께 큰 위기를 겪게 될 것입니다. 보다 빠르게 변화에 적응한 후발 주자에게 여러분의 자리를 빼앗길 수도 있고요.

4차 산업혁명은 여러분에게 주어진 커다란 기회이며, 이 기회의 창은 5차 산업혁명이 여러분의 일상에 들이닥치기 전까지는 활짝 열려 있을 것입니다. 반면 쏜살같은 변화의 격류 속에서 중심을 잃는다면 기회를 쥐어 보기도 전에 후발 주자에게 잡아먹힐 수도 있을 것입니다.

남들은 모르고 놓치는 기회를 어떻게 손에 쥘 수 있을까요? 변화한 세상에서 살아남으려면 또 어떻게 해야 할까요? TV에 나와 요란스레 4차 산업혁명을 얘기하는 사람들, 4차 산업혁명에 대해 잘 모르면서도 말만 번지르르한 몇몇 어른들이 어쩌면 가장 큰 두려움을 느끼고 있을 겁니다.

다행히 우리에게는 시간이 많습니다. 아직 이 책의 페이지도 많이 남아 있지요. 우선 한 쪽을 넘겨 4차 산업혁명 시대의 여러 모습들을 천천히 살펴보도록 합시다. 풍부한 정보를 바탕으로 넓은 생각을 하다 보면 여러분도 모르는 사이에 좋은 인사이트insight가 찾아올 테니까요.

02

수백억 들여 만든 제품을 왜 무료로 나눠 줄까?

[오픈소스 전쟁]

기술 발전의 역사는 곧 경쟁의 역사다

새로운 도구를 개발하려면 시행착오를 위한 비용과 시간, 그리고 인력 투입이 필요합니다. 복잡한 신기술을 고안해 내려면 단순히 도구를 발명할 때보다 더 큰 리소스가 필요하고요. 기술의 발전은 누군가의 헌신으로 이루어진다고 말할 수도 있겠습니다.

기술 발전에 투자하는 집단은 '소모값'을 감당해야 합니다. 석기시대의 생활상을 상상해 봅시다. 식량 생산에 투입되어야 할 자원과 인력을 엉뚱한 곳에 쓴다면, 그래서 생산량이 줄어든다면 전체 집단의 식량도 줄어들 것입니다. 하지만 인류는 자원이 모자란 상황에서도 늘 새로운 기술을 만들기 위해 노력했습니다. 당장의 손해일 것이 뻔한데 왜 그런 데에 힘을 쏟았을까요?

저는 생존과 경쟁이 가장 큰 동기라고 생각합니다. 자연에서 생존하기 위해, 다른 부족과의 경쟁에서 이기기 위해 당장의 손실을 감내하고 미래에 과감히 투자한 집단이 살아남은 게 아닐까요?

현대사회도 마찬가지입니다. 세상의 변화를 최전선에서 개척해 나가는 주체는 기업이며, 기업의 존재 이유는 이윤 창출입니다. 기업 입장에서 경쟁력이란 남들보다 매력적인 제품을 출시하거나 경쟁자들은 만들지 못하는 신제품을 출시하는 등, 한마디로 남들보다 돈을 많이 벌 수 있는 능력을 의미합니다. 어쩌면 대기업들은 경쟁에서 살아남기 위해 어쩔 수 없이 기술 개발에 힘써야 하는 입장이 된 것은 아닐까요?

IT 기술력으로 시장을 선도하는 기업들이 세계 증권시장의 최상위 포지션을 독차지하는 현상이 이제는 당연해 보입니다. 그런 세상이다 보니 신제품을 개발하기 위해 상상도 할 수 없는 큰 금액을 연구 개발에 투자하는 글로벌 대기업들의 행보 역시 자연스럽게 느껴집니다. 그런데 한편으로 대기업들은 그렇게 만들어진 제품을 오픈소스 소프트웨어로 만들어 무료로 공급하려 애쓰고 있습니다.

이상하지 않나요? 앞서 기업의 존재 목적은 이윤 창출이라고 설명했습니다. 그리고 대부분의 오픈소스 소프트웨어는 무료입니다. '이윤 창출'과 '무료'라는 말이 양립할 수 있는 걸까요? 왜 대기업은 시간과 돈, 인력을 들여 소프트웨어를 제작하고는 무료로 배포하는 것일까요?

4차 산업혁명의 주역, 오픈소스 소프트웨어

오픈소스 소프트웨어에도 여러 종류가 있습니다. 그중 현대사회를 가장 빠르고 격렬하게 변화시키는 소프트웨어는 '프레임워크'라 할 수 있습니다. 프레임워크는 IT 산업계의 밀키트와 같은 도구입니다. 복잡하고 유용한 소프트웨어를 뚝딱 만들게끔 도와주는 편리하고 특별한 소프트웨어라 생각하면 됩니다.

글로벌 대기업들은 앞장서서 이 프레임워크를 제작하고 있습니다. 예를 들면 구글은 텐서플로우TensorFlow라는 프레임워크를 만들었습니다. 텐서플로우를 활용하면 순식간에 AI를 제작할 수 있습니다. 메타가 만든 리액트React.JS를 활용하면 아름답고도 성능이 좋은 웹 페이지를 제작할 수 있고요.

우리에게 익숙한 안드로이드Android 역시 구글이 개발하여 무료로 배포한 오픈소스 소프트웨어입니다. 삼성전자의 갤럭시 시리즈처럼 안드로이드를 탑재한 스마트폰은 구글이 개발한 운영체제를 가져와 입맛에 맞게 튜닝한 뒤 판매하고 있는 것입니다. 안드로이드의 시장 점유율이 71%가량이라고 하니, 전 세계 스마트폰의 70% 이상이 구글이 만든 오픈소스 소프트웨어로 작동되고 있다고 생각해도 무방합니다.

이외에도 여러분이 상상할 수 있는 모든 종류의 전자 기기에 셀 수 없이 많은 오픈소스 소프트웨어가 적용되고 있습니다. 심지어 전자레인지나 냉장고에도 말입니다. 4차 산업혁명 시대의 기술 발전은 오픈소스 소프트웨어로 인해 견인되고 있습니다.

돈 안 되는 기술에 투자하는 이유

글로벌 대기업이 배포한 오픈소스 소프트웨어로 가장 큰 이득을 보는 사람들은 바로 개발자들입니다. 좋은 오픈소스를 잘 골라 사용하면, 한 팀이 1년 걸려 해야 할 작업을 한 사람이 한 달 만에 해낼 수도 있거든요.

오픈소스의 최고 수혜자인 개발자들의 생각이 궁금해서 텐서플로우 코리아 그룹에 질문을 해 봤습니다. 구글이 만든 텐서플로우를 활용하여 AI를 만드는 개발자들의 모임이라 4차 산업혁명에 대한 이해도도 높고, 대기업의 오픈소스를 사용하는 중이므로 질문 주제에 대한 관심도 높을 것으로 예상했습니다.

조사 결과 개발자들은 대기업이 주요 소프트웨어를 오픈소스로 공

#꿀잼토론

안녕, 텐플코리아!

구글이 텐서플로우를 무료로 공개한 것과 같이, 많은 글로벌 대기업들이 오픈 소스 프레임워크를 무료로 배포하고 있습니다.

프레임워크 제작은 물론 유지보수와 홍보에 들어가는 리소스가 만만치 않을텐데요, 왜 대기업들은 프레임워크를 제작하여 배포하려는 노력을 계속하고 있을까요?

여러분의 생각은 어떠신가요?

저자가 텐서플로우 코리아 그룹에 올린 질문

개하면서 가져가는 이점으로 크게 세 가지가 있다고 입을 모았습니다.

첫째로, 저렴한 비용으로 소프트웨어를 개선하여 성능을 높일 수 있습니다. 유망한 기업이 오픈소스 소프트웨어를 발표할 경우, 전 세계의 개발자들이 호기심을 갖고 달려듭니다. 그리고 그들 스스로가 소프트웨어를 더 좋은 방향으로 개선할 수 있다고 판단한 경우, 개선한 코드 또한 무료로 공유하는 재미있는 현상이 벌어집니다.

공학 및 과학 분야에서는 자신의 성과를 혼자 간직하기보다는 하루라도 빨리 전 세계에 발표하여 명예를 인정받는 것이 훨씬 중요하고 위대한 행보라는 인식이 있습니다. 특히나 IT 분야는 그런 경향이 더욱 강한 편이고요.

그렇기에 기업 측에서 오픈소스 소프트웨어를 발표하면, 전 세계의 개발자들이 앞다투어 개선안을 내놓는 것입니다. 소프트웨어를 더 훌

륭한 방향으로 고침으로써 자신의 이름을 기록에 남기려고 고군분투하는 것이죠. 따라서 기업은 가만히 앉아서 세계 최고 수준의 소프트웨어를 가질 수 있게 됩니다.

둘째로, 이렇게 다듬어진 오픈소스는 하나의 거대한 생태계를 구축합니다. 예를 들어, 인공지능 기술 개발 업계에서는 MS, 메타, 구글 등이 치열한 경쟁을 벌이며 오픈소스를 출시했고 결국 구글의 텐서플로우가 승리했습니다.

지금 전 세계의 모든 인공지능 개발자들은 텐서플로우를 사용하고 있습니다. 이제 구글은 새로운 인력을 채용할 때 별도의 기술 훈련을 시킬 필요가 없습니다. 어느 나라 출신 전문가를 채용하더라도 이미 텐서플로우를 능숙하게 사용할 수 있으니까요.

인공지능 개발자 1,000명을 연봉 3억 원에 채용하여 반년 동안 기술 훈련을 시켜야 한다면 기업 입장에서는 1,500억 원을 지출해야 합니다. 이 과정이 생략되기 때문에 매년 천문학적인 수준의 인건비가 절감되는 것입니다. 오픈소스 소프트웨어를 만드는 데 몇백억 원이 들어가더라도 이런 면에서 충분히 회수할 수 있습니다. 오픈소스 소프트웨어를 무료로 공개하는 것이 절대 손해가 아닌 이유입니다.

또한 텐서플로우를 수준급으로 사용할 수 있는 전문가를 인재로 등용할 수 있는 가능성도 높아질 겁니다. 전문가는 새로운 기술을 익혀서 다른 기업에 취업하기보다 이미 익숙하게 사용할 줄 아는 텐서플로우를 활용하는 구글에 취직하고 싶어 하겠지요.

셋째로, 시장 자체가 커집니다. 대기업이 제작한 오픈소스 프레임워크가 발표되면 전 세계 개발자들의 개발 속도가 한 단계 빨라집니다. 한 개의 기업이 전 세계의 기술 발전 속도를 좌우할 수 있다는 뜻입니다. 시장의 규모가 갑작스레 커질 때, 충분히 준비된 기업은 더 큰 이득을 취할 것이며 준비되지 않은 기업은 도태될 것입니다. 회사가 가진 기술력이 충분하다고 믿고, 변화 속에서도 살아남을 자신이 있기 때문에 오픈소스 소프트웨어를 발표하여 시장에 새로운 긴장을 불러오는 것입니다.

여기까지가 수혜자의 입장입니다. 공급자의 시각에서는 인재 채용이 가장 큰 이유라고 합니다. 오픈소스 소프트웨어를 제작하고 유지·보수하는 데에는 인력이 100명도 필요하지 않다고 합니다. 대기업 입장에서 크게 부담되는 비용은 아니지요. 반면 회사가 발표한 오픈소스 소프트웨어 점유율이 높아지면 높아질수록 회사가 원하는 인재를 발굴하기가 수월해지기 때문에 오픈소스를 적극적으로 공개하는 전략을 취하고 있다고 합니다.

글로벌 대기업은 개발자만 10만 명 규모로 채용하므로 납득이 가는 이유입니다. 10만 명이나 되는 사람을 일일이 교육하느니, 이미 회사에서 사용하는 소프트웨어에 익숙해진 사람으로 10만 명을 뽑을 수 있다면 큰 이득을 볼 수 있겠지요.

이것이 글로벌 대기업이 적극적으로 오픈소스 소프트웨어를 발표하고, 4차 산업혁명이 급격한 속도로 우리의 일상에 스며들고 있는 이유입니다. 수백억 원을 들여 만든 첨단 기술이 이만큼 빠르고 자유롭게 풀리고 있는데 세상이 바뀌지 않는다면 오히려 이상하겠지요.

우리에게는 더 큰 기회

기업은 '인재 확보'라는 이익 창출을 위해 움직였습니다. 그 과정에서 세상은 점점 살기 편한 곳으로 바뀌고 있죠. 이는 미래를 준비하는 우리에게도 희소식입니다. 복잡한 기술을 다방면으로 공부할 것이 아니라, 현재 업계에서 유망하다 평가받는 오픈소스 소프트웨어를 하나 정해서 그것만 공부하면 취업 길이 열리니까요. 대기업이 발표한 오픈소스 프레임워크를 공부하는 것은 선택이 아닌 필수입니다.

반면 이로 인해 생겨나는 문제점도 있습니다. 유망한 프레임워크를 잘 선택한 사람은 큰 기회를 잡겠지만, 쇠퇴해 가는 프레임워크를 선택한 사람은 뒤처질 수밖에 없는 구조입니다. 취직한 이후에도 최신 프레임워크들을 꾸준히 공부하며 트렌드를 따라잡아야 하고, 대기업에서 일하지 않더라도 대기업이 활용하는 소프트웨어를 의무적으로 공부해야 하는 세상이 되었으니까요.

대기업들은 앞으로 더욱 적극적으로 오픈소스 소프트웨어를 발표할 것이고, 세상은 더욱 빠르게 변화할 것이며, 우리는 선택의 기로에서게 될 것입니다. 하지만 적어도 IT 분야 전문가를 꿈꾼다면 급변하는 세상 속에서 길을 잃을 걱정은 하지 않아도 됩니다. 충분한 실력을 갖춘 다음, 최신 오픈소스 프레임워크를 꾸준히 팔로우하면 되니까요. 이것은 언젠가 4차 산업혁명의 물결이 시들해지고 5차 산업혁명이 찾아오더라도 변치 않을 굳건한 기조라 생각합니다.

'거대한 계산기'의 무궁무진한 세계

[슈퍼컴퓨터 전쟁]

점점 강력해지는 슈퍼컴퓨터

슈퍼컴퓨터. 소리 내어 발음하면 가슴이 뛰는 단어입니다. 말 그대로 엄청나게 강력한 컴퓨터라는 뜻이죠. 슈퍼컴퓨터는 영화의 악역으로 등장하기도 하는가 하면 반대로 〈아이언맨〉 시리즈의 자비스, 〈어벤져스〉 시리즈의 비전 등 지구를 지키는 히어로로 나오기도 합니다. SF 분야에서 슈퍼컴퓨터가 강력한 인공지능의 본체로 등장하는 것은 흔한 클리셰입니다. 여러분이 들어 본 대부분의 인공지능이 실제로 슈퍼컴퓨터에서 운영되고 있기도 하고요.

슈퍼컴퓨터는 부피도 크고, 가격도 엄청나게 비쌉니다. 더군다나 한 번 구매한 뒤에는 계속해서 가격이 떨어지기만 합니다. 매년 성능이 더 뛰어난 반도체 장비가 출시되기 때문이죠. 그러니 비싼 가격에 구형 슈퍼컴퓨터를 구매하려는 사람은 없다시피 합니다.

소모품에 가까워서 중고로 팔지도 못하고 고철값에 처분해야 하는 이 비싼 기계장치, 슈퍼컴퓨터에 대해 자세히 알아봅시다.

4GHz의 벽

컴퓨터의 두뇌인 CPU는 따지고 보면 1과 0으로 된 매우 간단한 계산만 수행할 수 있습니다. CPU에서 1과 0이 한 번 바뀌는 과정을 클럭clock이라고 부릅니다. 클럭을 세는 단위는 헤르츠Hz로, CPU가 1초에 몇 번 연산을 수행할 수 있는지를 성능의 척도로 봅니다.

만약 컴퓨터의 성능이 10Hz라면 1초에 10회 연산을 수행할 수 있다는 뜻입니다. 예를 들어 아이폰 14에 탑재된 CPU의 성능은 대략 3.23GHz 클럭(1초에 32억 3,000만 회의 연산이 가능한 수준)에 해당합니다.

업계에서는 CPU의 클럭이 4GHz를 넘기 힘들 것이라는 예측이 한동안 지배적이었습니다. 이 현상을 4GHz의 벽이라고도 부릅니다. 여기에는 두 가지 이유가 있습니다.

첫째는 발열 문제입니다. CPU의 클럭을 높이면 높일수록 전력 소모랑이 늘어나는데 전력을 일정 수준 이상 사용하게 되면 발열을 통제하고 CPU 칩을 냉각시키기 어렵습니다.

둘째는 트랜지스터의 고밀도 배치 문제입니다. 트랜지스터는 계산용 반도체의 일종으로, 예를 들어 아이폰 14의 CPU에는 150억 개의 트랜지스터가 삽입되어 있습니다.

전력 효율을 높이기 위해 좁은 칩 위에 최대한 작은 크기의 트랜지스터를 많이 삽입하면서 전압을 낮추는 전략이 주로 사용됩니다. 트랜지스터의 크기를 지나치게 줄이다 보면 트랜지스터 사이의 간격이 좁아지고, 전류가 누설될 가능성이 있습니다.

그래서 단일 CPU의 클럭을 향상시키려면 액체질소를 활용해 CPU를 영하 200°C로 냉각하는 등의 노력이 필요했습니다. 그런데 계산 좀 하겠다고 매번 이런 작업을 하는 것은 수지에 맞지 않습니다. 컴퓨터를 몇 달씩 켜 둬야 하는 상황도 생길 수 있는데 내내 액체질소를 끼얹어 줄 수도 없는 노릇이고요.

"차라리 컴퓨터 여러 대를 이어 붙이면 관리하기가 더 효율적이지 않을까?"

누군가 이런 아이디어를 냈습니다. 그걸 실현시킨 게 바로 현대의 슈퍼컴퓨터입니다.

뭉치면 산다!
슈퍼컴퓨팅 기술

슈퍼컴퓨팅 기술은 여러 대의 컴퓨터를 연결하여 성능의 한계를 돌파하는 기법을 의미합니다. 이는 한 개의 작업을 수 조각으로 쪼개어 여러 개의 컴퓨터에게 나누어 시키는 분산 처리distributed processing 기술을 극단적으로 확장한 것이기도 합니다.

예시를 들어 보겠습니다. 한 개의 컴퓨터로 계산하려면 10년이 걸리는 엄청난 문제가 있습니다. 현실적으로 이 문제를 풀기 위해 시간과 돈을 투자하는 것은 비효율적인 일입니다. 그런데 말입니다, 만약 두 대의 컴퓨터를 사용한다면 몇 년이 걸릴까요? 10대를 사용한다면? 1,000대 아니, 1만 대를 사용하면 어떻게 될까요? 충분히 도전해 볼 만하지 않을까요?

물론 현실적으로는 1만 대의 컴퓨터를 연결한다고 성능이 1만 배가 되지는 않습니다. 커다란 작업을 잘게 쪼개고, 각각의 컴퓨터가 수행한 작업 결과물을 다시 받아 오고, 그것을 순서에 맞게 조립하는 과정에서 시간이 꽤나 많이 소요되거든요. 그럼에도 불구하고 수많은 컴퓨터를 연결한다는 발상은 무척이나 강력한 접근법입니다.

예를 들어 보겠습니다. 2022년 11월 기준으로 세계 1위의 성능을 가진 슈퍼컴퓨터 프론티어Frontier는 873만 개의 CPU 코어를 연결하여 제작되었습니다. 프론티어의 성능은 대략 1,102PetaFLOPs로, 가정용

PC보다 310만 배 정도 빠른 속도로 계산을 할 수 있습니다.

비록 투입된 컴퓨터 대수에 비해 빠르기는 35% 정도이지만, 그래도 엄청난 속도입니다. 가정용 컴퓨터로 10년이나 걸릴 작업을 프론티어는 102초 만에 수행할 수 있습니다.

슈퍼컴퓨터를 보유한 기업과 국가는 그렇지 못한 곳에 비해 훨씬 빠르게 진보하겠지요? 그래서 각국의 정부 기관과 기업들은 엄청난 비용을 감당하면서 슈퍼컴퓨터를 사서 쓰고 있습니다.

슈퍼컴퓨터는 얼마나 비쌀까?

성능이 어마어마한 만큼 슈퍼컴퓨터는 당연히 비쌉니다. 먼저 컴퓨터 부품을 구매하는 데 얼마가 들어가는지 추산해 보겠습니다.

프론티어에 사용된 CPU의 개당 가격은 대략 3,999달러입니다. 2023년 말 기준 원화로는 약 516만 원에 해당합니다. 이런 CPU가 27만 3,000개 꽂혀 있으니 프론티어에 사용된 CPU 가격만 1.4조 원입니다. 여기서 끝이 아닙니다. 서버 컴퓨터에 들어갈 메인보드, 메모리, 저장장치, 전원공급장치, 서버랙이 필요합니다. 시중에 유통 중인 저사양 서버에서 CPU가 차지하는 가격 비중은 71%가량이므로, 프론티어의 하드웨어 가격은 아무리 적게 잡아도 1.9조원이 넘어갑니다.

여기서 끝이 아닙니다. 컴퓨터를 보관할 공간도 필요합니다. 토지와 건물에 드는 비용도 어마어마하게 비쌀 겁니다. 거기다 슈퍼컴퓨터는 발열이 아주 심하기 때문에 강력한 냉각을 위해 에어컨도 많이 설치해야 합니다. 한두 대로는 턱도 없겠지요. 대용량 전기를 사용하기 위해 건물의 고압 수전 설비를 설치하는 공사도 해야 합니다. 국내에서 500kW급 수전설비 공사를 실시할 경우 약 4,000만 원가량의 비용이 발생하죠. 프론티어의 소모 전력은 2만 1,000kW 수준이니, 여기에는 수억 원이 들 겁니다. 시설을 관리할 사람도 수십 명에서 수백 명 필요할 것입니다. 이 사람들이 연봉을 1억 원 씩만 받아 간다고 계산해도 감당이 안 되는 규모입니다.

다만 프론티어는 세계 1위 수준의 초대형 슈퍼컴퓨터라는 사실을 감안해야 합니다. 전문가들은 3,000억 원 정도만 들여도 초거대 인공지능을 감당할 만한 슈퍼컴퓨터를 구축할 수 있다고 이야기합니다.

우리나라의 경우, 과학기술정보통신부는 KISTI(한국과학기술정보연구원)에서 사용할 슈퍼컴퓨터를 사기 위해 2,929억 원의 예산을 책정했습니다. 세계 10위권을 목표로 한다고 합니다. 또 기상청은 300억 원가량의 슈퍼컴퓨터 두 대를 운영하고 있습니다. 구루와 마루라는 이름을 가진 이 슈퍼컴퓨터들은 각각 세계 순위 35위, 36위에 해당하는 성능을 갖고 있습니다.

애물단지가 된 중고 슈퍼컴퓨터

안타까운 점은 이렇게 어렵게 구축된 슈퍼컴퓨터라고 해도 소모품이라서 날이 갈수록 가치가 뚝뚝 떨어진다는 것입니다. 최신 반도체를 사용한 슈퍼컴퓨터가 매년 새로 출시되는 터라 성능 면에서 점점 뒤처지기 때문입니다.

예를 들면 KISTI가 보유한 슈퍼컴퓨터 누리온은 904억 원을 들여 도입했고, 세계 순위는 46위에 해당합니다. 300억 원이 든 기상청의 슈퍼컴퓨터보다 순위가 낮지요? 기상청의 컴퓨터가 비교적 더 최근에 구축된 것이어서 슈퍼컴퓨터에 탑재된 반도체의 가격 대비 성능상 차이가 발생한 것입니다. 그렇다 보니 슈퍼컴퓨터는 아무리 저렴하게 중고로 내놓아도 구매하려는 사람이 거의 없습니다.

우리나라에서도 재미있는 사례가 있습니다. 기상청이 541억원에 구입했던 슈퍼컴퓨터 '해담'과 '해온'을 7,800만 원에 처분하여 논란이 된 일입니다. 이 때문에 정치인들이 맹공을 퍼부었는데요. 사실 기상청도 억울할 만합니다. 대학교나 연구기관에 무료로라도 기증하려 했지만 모두가 거절했거든요. 받는 건 무료지만 설치된 지 10년이나 된 컴퓨터다 보니 성능은 최신 기종에 못 미치고, 유지비는 60억 원씩 나가기 때문입니다. 차라리 그 돈을, 다음 장에서 설명할 클라우드 서버에 쓴다면 훨씬 더 쾌적한 환경에서 슈퍼컴퓨팅을 할 수 있기 때문에 고민할 필요도 없었을 겁니다.

지금은 세계 1위 슈퍼컴퓨터인 프론티어도 언젠가는 고철값에 팔려 나갈지도 모르는 일입니다. 그만큼 슈퍼컴퓨터는 가치 수명이 짧은 기계이기 때문에 웬만큼 규모가 큰 대기업에서도 쉽게 구매하지 않습니다.

슈퍼컴퓨터 Top500 재단

이왕 슈퍼컴퓨터를 구매했다면 성능을 자랑하고 싶어지는 법입니다. 큰돈을 들였으니 이 지출이 합리적이라는 것을 설득하기에 세계 등수만 한 척도도 없고요. 그래서일까요? Top500재단은 1993년부터 현재

기상청 슈퍼컴퓨터 5호기 마루(연합뉴스)

까지 매년 6월과 11월에 전 세계 슈퍼컴퓨터의 성능을 분석하여 상위 500개의 컴퓨터 목록과 등수를 공개하고 있습니다(https://www.top500.org).

2022년 11월 기준으로 국내에는 세계 100위권의 슈퍼컴퓨터가 5대 있습니다. 이 중에서 기업이 보유한 슈퍼컴퓨터는 SATI(구 삼성종합기술원)의 SSC-21과 SK텔레콤의 타이탄뿐입니다. 그런데 전문가들은 네이버가 보유한 슈퍼컴퓨터도 세계 40위권 정도에 해당할 것으로 예측하고 있습니다. 하지만 네이버는 위 목록에서 찾아볼 수 없습니다. 왜일까요? 정보를 공개하고 싶지 않기 때문일 것입니다.

슈퍼컴퓨터를 보유한 기관이 Top500재단에 컴퓨터의 정보를 등록하면 컴퓨터의 상세한 성능과 스펙이 공개됩니다. 그러나 순위 자랑을 통해 얻을 수 있는 이득보다 컴퓨터의 상세 스펙을 공개함에 따라 발생하는 불이익이 크다고 판단하는 경우에는 등록하지 않습니다. 어느 국가가 가장 강력한 컴퓨터를 가장 많이 보유하고 있는지 궁금하다면 Top500 목록에 접속해 보기 바랍니다.

무한정으로 똑똑해질 수 있을까?

이렇게도 강력한 슈퍼컴퓨터는 만능일까요? 인공지능 분야에서는 컴퓨터의 성능이 곧 인공지능의 지능과 연결되는 경향이 있기는 합니다. 단순하게 생각해 보겠습니다. 뇌세포가 10개인 동물과 20억 개인 동물이 있습니다. 어느 쪽이 더 지능이 높을지는 자명합니다.

이처럼 일반적으로 딥러닝에 사용하는 인공 뇌의 부피를 키우면 키울수록 성능이 크게 향상되는 경향이 있습니다. 최근 이슈가 되었던 ChatGPT에는 인공 신경 파라미터가 1,750억 개 있으며, 이 정도 규모의 인공지능을 학습시키려면 최소 1,000억 원 정도를 투입하여 슈퍼컴퓨터를 구축해야 합니다.

그런데 무작정 부피를 키우고 성능을 높인다고 해서 인공지능이 무한정으로 똑똑해지는 건 아닙니다. 지금 이 순간에도 과학자들은 인공지능의 구조를 바꿔 보고, 학습 과정을 표현하는 함수도 바꿔 보고, 각각의 신경들이 하는 역할도 바꿔 가면서 최선의 인공지능을 개발하기 위해 노력하고 있습니다. 그리고 이런 연구 과정에서 도출된 성과가, 단순히 인공지능의 부피를 키우는 것에 비해 훨씬 큰 혁신을 만들어 내는 경우가 많습니다.

인공지능 이외의 분야에서는 슈퍼컴퓨터의 전지전능함이 조금은 약해지는 것 같습니다. 슈퍼컴퓨터는 단순히 말하면 거대한 계산기에 지나지 않거든요. 결국 그 뛰어난 계산기로 무슨 일을 할지 설계하는 게 개발자의 몫입니다. 컴퓨터는 누군가가 시킨 계산만 할 수 있는 기계이니까요.

결론은 이렇습니다. 연구 성과를 낼 만한 뛰어난 IT 인력을 확보하지 못한 기관에서는 슈퍼컴퓨터를 구매해도 실익이 없습니다. 반대로 말하면 값비싼 슈퍼컴퓨터를 구매하는 기관은 그만큼 기술력에 자신이 있다는 뜻이겠지요.

집에서도 슈퍼컴퓨터를 쓸 수 있을까?

이론적으로는 기계 자체의 성능과 상관없이, 여러 대의 컴퓨터를 한데 묶어 성능을 개선할 수 있다면 슈퍼컴퓨터라고 부를 수 있습니다. 해외의 개발자들 중에는 15만 원가량의 라즈베리 파이(신용카드만 한 소형 컴퓨터) 수십 대를 연결하여 직접 슈퍼컴퓨터를 제작하는 사람도 있습니다. 국내에도 라즈베리 파이로 슈퍼컴퓨터를 만드는 과정을 소개하는 블로거들이 있고요. 이렇게 만들어진 슈퍼컴퓨터는 가정용 컴퓨터와 비슷한 성능을 보이는 경우도 있다고 합니다.

데스크톱 컴퓨터 본체 크기의 슈퍼컴퓨터가 판매된 적도 있습니다. 하지만 요즘은 거의 나오지 않고 있습니다. 왜냐하면 클라우드 컴퓨팅이라는 굉장히 편리한 도구가 보편화되었기 때문입니다. 이에 대해서는 다음 장에서 다루겠습니다.

4차 산업혁명 시대,
슈퍼컴퓨팅의 미래

인공지능의 무한한 가능성이 대두되는 이 시대에, 인간의 지성을 뛰어넘어 특이점을 돌파할 존재는 초거대 인공지능일 것으로 많은 이들이 예측합니다. 이는 ChatGPT처럼 엄청나게 규모가 큰 인공지능으로, 세계 30위권 수준의 슈퍼컴퓨터가 있어야 제대로 학습시킬 수 있다고 합니다.

한편, 슈퍼컴퓨터는 엄청나게 많은 전기를 소모하며 굉장한 양의 열에너지를 대기 중으로 배출하기 때문에 지구 환경에 유해하다는 지적도 있습니다. 그래서 글로벌 기업들은 친환경 대책을 마련하고 있습니다. 마이크로소프트는 컴퓨터를 방수 캡슐 안에 설치하여 바닷물 속에 잠수시키는 방법을 선보였습니다. 바닷물이 냉각수 역할을 해 탄소 배출량을 일부 줄일 수 있었다고 합니다.

Top500재단에서도 친환경 슈퍼컴퓨터 등수를 별도 트랙으로 채점하고 있습니다. 앞으로 인류가 슈퍼컴퓨터에 더욱 의존하게 될 가능성이 큰 만큼 중요한 과제입니다. 과연 연산 성능과 환경 보호라는 두 마리 토끼를 모두 잡을 수 있을지 잘 살펴봐야 하겠습니다.

구름 위를 떠다니는 가상컴퓨터

[클라우드 컴퓨터]

서버 컴퓨터는 너무 비싸

온라인 게임을 좋아하는 분들은 서버라는 단어가 익숙할 것입니다. 서버는 온라인 서비스를 지탱하는 컴퓨터를 의미합니다. 게임 회사나 카카오, 구글 등은 서버라는 이름의 컴퓨터를 여러 대 구비해 두고 그 위에서 서비스 구동을 위한 소프트웨어를 운영합니다.

앱을 실행하면 여러분의 스마트폰과 저 멀리 떨어진 서버 사이에 통신이 성립됩니다. 서버는 스마트폰의 요청을 받아 필요한 정보를 전달해 주고, 스마트폰은 제공받은 정보를 토대로 화면 위에 어떤 내용을 표현할지를 결정합니다.

이와 같이 전면에 나와 사용자와 의사소통하는 도구를 프론트엔드frontend라고 부릅니다. 여러분의 스마트폰에 설치된 앱들이 프론트엔드의 대표적인 사례입니다. 반면 우리 눈에 보이지 않는 곳에서 열심히 계산 업무를 수행하며, 프론트엔드에 필요한 정보를 전달해 주는 시스템을 백엔드backend라고 부릅니다. 서버도 일종의 백엔드 컴퓨터라고 생각하면 됩니다.

온라인 게임에는 한 번에 수십만 명의 사용자들이 접속하는 경우도 있습니다. 그렇게 많은 사람들이 한꺼번에 데이터를 요청하면 서버 입장에서는 꽤나 부담을 느끼겠지요? 그래서 웬만한 서버는 굉장한 고성능 컴퓨터입니다. 당연히 엄청 비쌉니다. 가정용 컴퓨터가 200만 원 정도라면, 비슷한 연산 속도를 가진 서버는 1,000만 원이 훌쩍 넘습니다. 대신 내구성이 뛰어나고 더 많은 부품을 추가할 수 있으며, 한 번에 여러 개의 CPU를 설치할 수도 있지요.

서버 관리는 너무 힘들어

저는 대학원 신입생 시절만 해도 평생 서버를 사용할 일이 없을 줄 알았습니다. 바이오 전공자라서 온라인 서비스를 만들 일이 없을 것이고, 그렇게까지 고성능 연산이 필요한 작업 또한 하지 않을 것이라 생각했거든요. 그런데 1년 뒤, 어느새 저는 연구실 전산 팀의 서버 관리자가 되어 있었습니다. 앞일은 알 수 없다는 말이 꼭 맞았죠.

KIAST(한국과학기술원)의 정문술빌딩 1층에는 슈퍼컴퓨팅실이 있습니다. 그 앞을 지날 때마다 기계가 위잉 돌아가는 소리도 나고 후끈한 바람도 불어와, 저 안은 어떨지 궁금하기도 했습니다. 막상 그곳에 자주 들어가서 작업을 하는 입장이 됐을 땐 무척이나 짜증이 났습니다. 퀴퀴한 먼지 냄새, 에어컨을 틀어도 뜨거운 실내 온도, 햇빛도 잘 안 들어오는 답답한 공간! 서버실과의 첫 만남은 아직까지도 불쾌한 기억으로 남아 있습니다.

당시 제가 있던 연구실에서는 복잡한 계산을 많이 했습니다. 연산량이 많다 보니 대학원생들에게 배부된 데스크톱 컴퓨터로는 시간이 너무 오래 걸렸습니다. 그래서 고성능 서버 컴퓨터 여러 대를 묶어 클러스터cluster라는 소형 슈퍼컴퓨터를 만들어 사용하고 있었습니다.

연구실이 보유한 기술이 발전할수록 소프트웨어의 연산량은 늘어납니다. 너무 오래된 서버 컴퓨터는 성능이 부족해져 빼내기도 하는데, 어차피 버릴 거면 나한테 버려 달라며 받아 왔던 기억도 납니다. 연구실에서 새로운 컴퓨터를 구매할 때마다 슈퍼컴퓨팅실에 넣으러 출동했던 기억도 나고요. 전산 팀 멤버들도 연구실이 보유한 서버가 정확하게 몇 대인지 잘 모를 정도였습니다.

대학원생 수십 명이 서버실 컴퓨터에 접속해서 매일같이 복잡게 연산을 돌렸습니다. 많은 사람들이 컴퓨터의 성능을 거의 한계까지 끌어 쓰다 보니 서버에 문제가 생기는 경우도 종종 있었습니다. 그럴 땐 미세먼지를 막아 주는 KF94 마스크를 끼고, 모니터와 키보드를 챙겨서 1층까지 내려가야 했습니다. 서버에는 모니터가 달려 있지 않거든요. 서버실에 다녀오면 목이 칼칼하고 눈이 따가웠습니다. 이렇게 서버를 관리하는 일은 무척 고된 기억으로 남아 있습니다.

서버를 사용하는 사람들도 번거롭기는 마찬가지였습니다. 모두가 함께 사용하는 컴퓨터이므로 내 마음대로 특정 소프트웨어를 설치하거나 임의로 설정을 수정할 수 없었거든요. 서버는 강력하고 편리한 도구지만 그만큼 다루기 까다롭습니다.

서버를 대신 관리해 드립니다

그리하여 서버 관리 대행 서비스라는 것이 생겨났습니다. 전문 엔지니어가 서버 컴퓨터의 관리를 대신해 주는 일입니다. 경우에 따라 서버가 있는 곳에 직원이 파견되어 1년 내내 파견직으로 근무하는 경우도 있고, 일주일에 한 번씩이라거나 문제가 생길 때마다 방문하여 서버를 점검하는 방식도 있었습니다.

그러던 중, 새로운 형태의 서버 관리 대행 서비스가 생겨납니다. "우리 건물에 빈 방 있어요. 여기에 서버 컴퓨터를 옮겨 두고 원격으로 사용하세요!" 쿼쿼하고 어둡고 뜨겁기까지 하며 전기세도 엄청나게 잡아먹는 서버실을 우리 건물에 두지 않아도 된다니! 기업 입장에서는 무척이나 매력적인 이야기였습니다. 서버실로 사용하던 공간을 정리해 사무실이나 연구실로 사용할 수도 있고요.

대기업들은 서버 관리 대행 서비스를 받기 위해 대행사의 건물로 서버 컴퓨터들을 이동시켰습니다. 서버 컴퓨터 주문을 하면서 대행사 건물로 바로 배송을 요청할 수도 있었을 겁니다. 그런데 이 서비스 또한 완벽하지는 못했습니다.

2022년 10월에 있었던 카카오 먹통 사태를 기억하시나요? 서버를 보관하던 SK C&C 판교캠퍼스 A 클라우드 데이터센터 건물에 화재가 발생하여 생긴 사고입니다. 2022년에도 서버가 보관되어 있는 건물이 물리적으로 손상을 받아 초대형 IT 서비스가 장애를 겪는 사건이 일어나는데, 과거에는 더했겠지요. 그 외에도 억 단위 금액의 서버를 제3자의 건물에 보관하다 보니 이런저런 문제가 있었을 것입니다.

그러던 중, 누군가 아이디어를 냈습니다. "여러분의 비싼 컴퓨터를 우리 건물에 보관하기 걱정되시죠? 그럼 우리가 보유한 컴퓨터를 빌려서 쓰실래요? 사용한 만큼만 돈을 내시고요."

서버를 빌려주는 아마존 웹 서비스

2002년에 아마존은 AWSAmazon Web Services라는 서비스를 출시합니다. 현재 세계 최대 규모의 클라우드 서비스가 되었죠. 아마존은 전 세계 사용자들이 접속하는 초거대 웹 쇼핑몰을 운영하는 회사입니다. 그렇기에 서버 컴퓨터를 굉장히 많이 보유하고 있었지요.

그런데 아무래도 쇼핑몰을 쾌적하게 운영하는 데에 투입하고도 서버가 많이 남았나 봅니다. 혹은 서버 컴퓨터를 구비하려고 전용 부동산을 구축했는데 공간이 남았을 수도 있고요. 하여튼 아마존은 고성능 서버 컴퓨터를 대량으로 구매한 뒤 이를 잘게 쪼개어 사람들에게 빌려주는 서비스를 시작했습니다.

IT 서비스는 규모나 구동 방식에 따라 서버를 사용하는 법이 조금씩 다릅니다. 어떤 서비스는 아주 가끔씩 서버의 동작이 필요하지만 한 번에 엄청나게 많은 연산을 해야 할 수도 있습니다. 이 경우, 아주 가끔씩 발생하는 연산을 대비하기 위해 고성능 서버를 구축해야 하지만 평상시에는 성능 최대치에 훨씬 못 미치게 사용하니 돈 낭비라고 볼 수 있습니다.

또 어떤 서비스는 많은 사용자들이 빈번하게 접속하지만 서버에서 부담해야 하는 연산은 별로 많지 않을 수도 있고요. 이 경우에는 저사양 서버 여러 대를 구매해야 합니다. 하지만 저사양 서버는 시간이 지나면 활용도가 급격히 떨어지므로 해당 서비스가 종료된 뒤에 다른 서비스를 운영하는 데 재활용하기가 곤란합니다. 이왕 비싼 서버 컴퓨터를 구매하는 김에 오래 사용하기 위해 적정 수준보다 높은 성능의 서버를 구매하게 되니 이것도 돈 낭비로 볼 수 있지요.

그런데 만약 서버 컴퓨터를 통째로 구매하는 것이 아니라 내가 필요한 만큼만 빌려서 사용하고, 사용한 만큼만 돈을 낼 수 있다면 어떨까요? 낭비가 발생하지 않아 아주 경제적으로 서비스를 운영할 수 있지 않을까요?

AWS가 바로 이런 서비스입니다. AWS는 가상화virtualization 기술을 활용해 여러 종류의 서버 리소스 상품을 출시했습니다. 가상화 기술이란 운영체제를 가상 환경 위에 구현하는 기술로, 여기에서는 컴퓨터 한 대를 마치 여러 대의 컴퓨터처럼 쪼개어 사용하거나, 반대로 여러 개의 컴퓨터를 마치 한 대처럼 사용하는 것을 말하죠. 그렇게 저사양 서버, 보통 사양 서버, 고사양 서버 등의 상품을 출시한 겁니다. 그리고 각 서버별로 시간당 사용료를 징수합니다. 고사양 서버를 오래 사용한다면 높은 비용이 발생하지만 저사양 서버는 오래 사용해도 크게 부담되지 않습니다. 또 고사양 서버를 대여하더라도 짧은 시간만 사용한다면 마찬가지로 비용이 별로 발생하지 않습니다. 사용자들은 직접 서버 컴퓨터를 구매하여 서버실을 구축하거나 서버 관리 대행사에 서버 컴퓨터를 설치하는 대신, AWS를 빌려 서비스를 제공할 수 있게 되었습니다.

인터넷에 연결된 노트북만 한 대 있으면 AWS의 서버에 접속한 뒤 바로 코딩을 할 수 있게 되었죠. 마치 구름 위에 떠다니는 가상의 컴퓨터가 있어 언제 어디서나 접속해 리소스를 사용하는 것 같다고 해서 클라우드cloud라는 이름이 붙었습니다.

IT 산업을 송두리째 뒤흔든 혁신

클라우드는 굉장한 혁신입니다. 예를 들어, 여러분이 앱을 만든다고 생각해 봅시다. 직접 서버 컴퓨터를 구축한다면 컴퓨터 가격만 최소 1,000만 원에, 이를 보관하기 위한 공간에 드는 돈도 만만치 않습니다. 서버 관리 대행이라도 맡긴다면 서버 관리비까지 지출해야 합니다. 무지막지한 전기세는 덤이지요. 하지만 AWS를 사용한다면 이야기가 달라집니다. AWS의 여러 상품 중 가장 저사양 컴퓨터를 대여한다면 여러분은 딱 1달러만 납부하고서 한 달 내내 컴퓨터를 빌릴 수도 있습니다. 별도의 컴퓨터 구매 비용이나 전기세도 나가지 않습니다.

결과적으로 아이디어와 열정만 조금 있으면 초기 자본 없이도 다양한 IT 서비스를 출시할 수 있는 혁신의 기반이 이 세상에 싹트게 되었습니다. AWS의 등장 이후 온갖 다양한 IT 스타트업들이 등장했으며, 현재에는 스타트업이 클라우드를 대여해 웹 서비스를 구축하는 방식이 아주 당연한 것처럼 여겨지고 있습니다. 아마 AWS가 없었다면 '금수저'가 아니고서야 앱이나 웹 서비스를 개발하는 건 무척 힘든 일이었을 겁니다. 앱 하나 만들어 보겠다고 중고차 가격을 선뜻 투자할 수 있는 사람이 얼마나 있을까요?

하지만 요즘은 중학생이 만든 앱이 월 수익을 1,000만 원씩 내는 세상입니다. '수저'의 색깔과 상관없이 재능을 펼칠 수 있는 길이 늘어났지요. 이것이 클라우드가 가져온 4차 산업혁명의 일면입니다.

인공지능 시대, 클라우드 없이 시작할 수 없다

2022년 12월을 강타한 ChatGPT를 예시로 들어 볼게요. ChatGPT는 GPT-3라는 인공지능 모델을 기반으로 하고 있는데, GPT-3를 한 번 학습시키는 데 필요한 연산의 양은 3.14E23 FLOPs(3.14 곱하기 10의 23승 회의 연산)에 해당합니다.

부품명	사양	구매 단가(달러)	개수	총액(원)
CPU	AMD EPYC 7V12 128T 2.4GHz	3,105,644	96	298,141,824
CPU	NVIDIA Tesla A100 80GB	26,377,933	8	211,023,464
RAM	DDR4-128GB	1,164,920	15	17,473,800
SSD	4TB IOPS 800MB/s	537,790	1,600	860,464,000
합계				1,387,103,088

왼쪽 표는 MS사의 클라우드 서비스 Azure에서 기업용으로 공개된 제품 중 가장 고성능 사양인 'Standard_ND96AMSR_A100_V4'에 포함된 주요 부품과 그 가격을 기재한 표입니다. 2022년 연말 기준으로 원 달러 환율 1268.2원을 적용했죠. 합계가 대략 14억 원입니다. 실제로는 저 항목 외에 메인보드나 전원공급장치 등 다양한 부품들이 추가로 필요합니다만 일단은 생략해 보았습니다.

14억 원짜리 컴퓨터로 ChatGPT를 학습시킨다면 시간이 얼마나 걸릴 것 같나요? 저런 고성능 컴퓨터로도 GPT-3를 한 번 학습시키는 데 28년 4개월이 걸립니다. 14억 원짜리 장비로도 28년이 넘게 걸리다니!

단순 계산으로, 이론상 ChatGPT를 1년 안에 학습시키려면 최소한 400억 원이 필요하다는 결론이 나옵니다. 부가가치세를 고려하면 40억 원을 추가로 지출해야 합니다. 물론 전기세나 서버 관리 인건비, 부동산 관련 비용도 들지요. 이게 전문가들이 ChatGPT를 학습시키려면 최소 1,000억 원이 있어야 한다고 주장하는 이유입니다.

그런데 직접 서버를 구매하는 것이 아니라 클라우드 서비스를 대여하여 학습하면 비용이 얼마나 발생할까요? Azure 서비스에서 Standard_ND96AMSR_A100_V4 서버를 29대 대여하면 고작 108억 원만으로도 1년 만에 ChatGPT를 학습시킬 수 있습니다.

한 걸음 더 가 볼까요? 이 서버를 336대 대여한다면 한 달 안에도 같은 비용으로 학습을 끝낼 수 있습니다. 클라우드 서버는 사용량에 비렴한 비용을 지출하기 때문에, 동일 횟수의 연산을 한 달 동안 하든 1년 동안 하든 비용은 비슷하거든요.

결과적으로 서버를 직접 구매하는 것에 비해 비용은 90%가량 저렴하면서 시간은 12배 단축할 수 있습니다.

보유 기관	명칭	연산성능 (PFLOPS)	GPT-3 학습에 걸리는 시간	도입 비용 *성능을 바탕으로 역산	세계 순위
SAIT	SSC-21	25.18	144일	1,000억 원 이상 (추정)	18
기상청	구루	18.00	202일	300억 원	35
	마루	18.00	202일	300억 원	36
KISTI	누리온	13.93	261일	904억 원	46
SK텔레콤	타이탄	6.29	578일	100억 원(추정)	92

위 표는 우리나라가 보유한 세계 100위권 이내의 슈퍼컴퓨터를 활용하여 ChatGPT를 학습시키는 데 걸리는 시간을 추산한 것입니다. 가장 성능이 뛰어난 SAIT의 슈퍼컴퓨터로도 144일이나 소요됩니다. Azure 클라우드를 빌리면 10배 저렴한 가격으로 5배 더 빠르게 끝낼 수 있습니다.

이러니 개인뿐 아니라 세계의 IT 기술 전망을 좌우하는 대기업들도 클라우드 서비스를 사용할 수밖에 없는 것입니다. 더군다나 2022년 이후 전 세계의 기업들은 엄청난 연산량을 필요로 하는 초거대 인공지능을 만드는 데 집중하고 있습니다.

부품명	사양	파라미터 개수
OpenAI	GPT-3	1,750억 개
KT	믿음	2,000억 개
네이버	Hyper Clova	2,040억 개
LG	EXAONE	3,000억 개
구글	PaLM	5,400억 개

위 표는 현재 알려진 유명 기업들이 만들고 있는 초거대 인공지능의 크기를 정리한 것입니다. GPT-3가 가장 작은 크기지요? 인공지능의 파라미터 개수는 인간의 뇌세포의 개수와 마찬가지라고 생각하면 되겠습니다. 그 개수가 많을수록 똑똑한 인공지능이 만들어질 것이라는 단순한 믿음 아래, 수천억 원을 들여서라도 AI의 성능을 높이는 방향으로 경쟁이 벌어지고 있습니다.

누구에게 가장 이득일까?

AWS는 웹 서비스 분야에서 가장 인기 있는 클라우드 서버이지만 최근 인공지능 분야에서는 MS의 Azure가 가장 인기 있는 클라우드 서비스로 자리잡았습니다. 특히 MS가 OpenAI에 10억 달러를 투자한 것이 결정타가 되었습니다.

OpenAI의 모든 AI 연구와 서비스는 Azure를 통해 진행되며 세상에 판매되고 있습니다. ChatGPT를 학습시키는 데 이론상 최소 108억 원이 필요하다고 했죠. ChatGPT가 이렇게 성공을 거둔 이상, 다른 대기업들도 비슷한 환경에서 AI를 개발하기 위하여 Azure 서비스를 활용하게 되지 않을까요?

여기까지 생각이 도달했다면 우리는 놀라운 진실을 맞닥뜨리게 됩니다. 인공지능 기술이 발달하고 4차 산업혁명이 진행될수록, MS의 서버 대여 사업이 점점 더 큰 수익을 거두게 된다는 사실 말입니다.

그뿐만 아니라 MS는 전 세계의 AI 스타트업들에게 Microsoft for Startups 프로그램으로 1년간 약 1억 원 상당의 서버 대여권을 무상 제공하고 있습니다. 덕분에 스타트업들은 초기에 무료로 초고성능 IT 서비스를 구축할 수 있습니다.

MS가 이렇게 하는 이유는 뭘까요? 이미 한번 MS의 서버 위에 구축된 소프트웨어를 다른 곳으로 이전하는 것이 무척이나 번거롭고 어려운 일이므로 회사가 망하지 않는 한 영원히 MS의 클라우드를 사용하게 될 가능성이 높기 때문입니다.

4차 산업혁명의 가장 큰 수혜자는 어쩌면 MS일지도 모르겠습니다. 인류의 기술 발전 속도를 가속시키면서, 동시에 전 세계 기업들로부터 엄청난 사용료를 징수하고 있으니까요.

4차 산업혁명이 오기까지

1차 산업혁명

17세기 말, 영국에 4윤작법이 전파됩니다. 4년을 주기로 보리, 클로버, 밀, 순무를 돌려짓는 농법을 말합니다. 기존에 영국은 3년에 한 번씩 밭을 묵히는 3포제를 시행하고 있었는데 4윤작법이 도입된 후 식량 생산 속도가 급격하게 성장합니다. 덕분에 영국은 도시화로 인한 인구 밀도 증가를 감당할 수 있게 되었습니다.

이 와중에 식민지에서 들여오는 면직물이 너무나 저렴해서 자국 내 면직물 생산 시장이 주저앉을 위기가 도래합니다. 하지만 18세기 들어 증기기관이 보급되고 기계공학 기술이 발달하며 면직물을 자동으로 생산하는 기계 공장이 보급됩니다. 대량으로 면직물을 생산할 수 있게 되어 영국은 국내시장을 다시 장악하고 아프리카와 아메리카에 면직물을 수출하며 막강한 부를 확보하기 시작했습니다.

결과적으로 기계적 공업 시대가 열립니다. 이 과정을 1차 산업혁명, 또는 산업혁명이라 부릅니다.

2차 산업혁명

19세기 중후반부터 제2차 세계대전 시점까지 전기와 석유, 내연기관의 보급으로 다양한 분야에서 과학화된 기계를 통해 대량생산을 시작한 시기입니다.

형광등, 건전지, 발전소, 모터, 비행기, 라디오, 텔레비전 등 우리에게 익숙한 근대의 발명품들이 등장하고 대량생산되었습니다.

3차 산업혁명

제2차 세계대전 이후 컴퓨터, 인공위성, 인터넷 등이 등장하며 촉발된 산업혁명입니다. IT 기술이 급격히 발전하기 시작했고, 점점 비용이 내려가면서 전 세계에 보급된 시기입니다. 부모님 세대가 겪었던 혼돈의 시기이기도 하며, 아마도 여러분이 태어난 시점이기도 할 겁니다. 인쇄술의 보급, 인터넷의 보급, 그리고 스마트폰의 보급이라는 3단계의 굵직한 사건들이 있었습니다.

2부

브레이크는 없다! 특이점으로 질주하는 인공지능 기술

인공지능 기술은 4차 산업혁명의 꽃이자 핵심이라 할 수 있습니다. 2부에서는 이 인공지능에 대해 낱낱이 알아보겠습니다. 맨 먼저 인공지능 기술이 어디에서 출발했는지 살펴보고 인공지능의 본질에 대해 생각해 봅시다.

또 우리가 알고 있는 다양한 산업 속에서 인공지능 기술이 어떻게 쓰이고 있는지, 나아가 우리의 삶에 어디까지 침투하고 있는지 알아보도록 합시다.

세상을 바꾼 한 줄의 수식

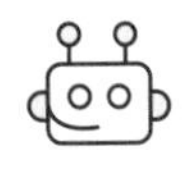

[베이즈 정리]

미래를 예측하는 이론

통계학은 현실 세계의 현상을 분석하고 미래를 예측하기 위해 사용되는 수학 분야입니다. 과거의 통계학은 사건이 일어날 빈도frequency를 알아내기 위한 기술이었습니다. 이를테면 주사위를 열 번 던졌을 때 짝수인 눈이 몇 번 나올지를 계산하는 등 특정 사건의 확률을 예측하는 데에 사용된 것입니다.

그러나 18세기에 토머스 베이즈라는 불세출의 천재가 등장하면서, 인류가 통계학을 바라보는 관점 자체가 바뀌었습니다. 베이즈는 조건부 확률(사건 하나가 일어났을 때 또 다른 사건도 일어날 확률)을 수학적으로 분석한 내용을 베이즈 정리Bayes' theorem라는 이름으로 발표했습니다.

확률과 통계 과목에서 중요하게 다루는 개념 중 조건부 확률이라는 도구가 있습니다. 이는 어떤 조건이 달성되었을 때, 다른 사건이 일어날 확률을 표현하는 도구입니다. 예를 들자면 '까마귀 날자 배 떨어질 확률', '아침에 구름이 많은데 오후에 비가 올 확률' 등의 가능성이 조건부 확률에 해당합니다. 조건부 확률을 계산할 수 있다면 미래를 예측할 수 있습니다. 예를 들어 '오늘 비가 온다면 내일도 비가 올 확률'이 70%이고, '오늘 비가 오지 않았는데 내일 비가 올 확률'이 40%라는 정보가 있다고 칩시다. 오늘의 날씨를 관측한다면 내일 비가 올 가능성이 더 높을지, 비가 오지 않을 가능성이 더 높을지 알 수 있겠지요? 이것이 바로 조건부 확률의 쓰임새입니다. 수학적으로는 P(A | B)라고 표현하며, 이는 'B라는 사건이 일어났을 때 A도 일어날 확률'로 정의됩니다.

다만 '오늘 비가 온다면 내일도 비가 올 확률'이라거나 '까마귀가 날아오를 때 배가 떨어질 확률' 등을 수학적으로 정교하게 예측하는 것은 불가능에 가깝습니다. 계산에 필요한 정보가 제한되어 있으며, 우리가 알지 못하는 정보들도 사건에 개입할 수 있기 때문입니다. 그러나 베이즈 정리라고 불리는 수식 한 줄이 등장하면서 상황이 달라졌습니다.

$$P(A|B) = \frac{P(B|A)P(A)}{P(B)}$$

베이즈 정리는 수학적으로 아름다운 공식이면서 인류에게 커다란 선물이기도 했습니다. 현재 주어진 정보만을 바탕으로 미래를 해석하려 할 때의 이론적 토대를 제공했기 때문입니다. 만약 베이즈 정리의 우변에 해당하는 정보를 우리가 이미 가지고 있다면, 아직 관측된 적 없는 좌변의 정보(미래, 미관측 사실 등)를 추론하는 것이 가능해집니다. 다시 말해 앞으로 일어날 일의 가능성을 분석할 수 있다는 얘기지요.

놀랍지 않나요? 베이즈가 300년 전에 제안한 이론 덕분에 인류는 미래를 예측할 수 있게 되었습니다. 베이즈의 정신을 계승한 확률론 분류를 베이즈 확률론Bayesian Probability이라고 부릅니다.

미래를 예측할 수 있게 되어 신난 과학자들

베이즈 확률론에서는 확률을 '어떤 사건이 일어날 빈도'가 아니라 '지식 또는 믿음의 정도를 나타내는 양'으로 해석합니다. '주사위를 열 번 굴려서 모두 짝수만 나올 확률'과 '내일 비가 올 확률'에는 차이가 있으니까요. 이 차이를 한번 곱씹어 보겠습니다.

주사위를 열 번 굴리는 행위는 언제든지 할 수 있으며, 한 번 시행한 이후에 반복할 수도 있습니다. 그뿐만 아니라 과거에 주사위를 열 번 굴렸던 경험을 토대로 확률을 계산할 수도 있지요. 빈도를 분석해서 확률을 구할 수 있는 것입니다.

반면 '내일 비가 올 확률'은 빈도로 접근할 수 없습니다. 왜냐면 '내일'은 딱 한 번밖에 오지 않기에 무수히 반복해 횟수를 세는 것이 불가능하니까요. 따라서 기상청에서 발표하는 강수 확률은 '내일이라는 하루가 무수히 반복될 때 비가 오는 빈도'를 뜻하는 것이 아니라, '내일 비가 오는 사건이 발생하리라는 믿음의 정도'를 뜻합니다.

우리는 의외로 어린 시절부터 확률을 믿음의 정도로 받아들이며 살아왔던 겁니다. 믿음의 정도라는 표현이 익숙하지 않다면 '가능성'이라 생각해도 좋습니다.

베이즈 확률론을 받아들인 과학자들은 신이 났습니다. 현재 관측할 수 있는 정보만을 활용해서 미래를 합리적으로 분석할 수 있었기 때문입니다. 베이즈 확률을 사람의 손으로 계산하는 것은 무척이나 어려운 일이었지만 과학자들은 밤새도록 확률을 계산해 가며 미래를 예측하기 시작했습니다.

물론 회의적으로 보는 사람들도 많았습니다. 고작 하루 뒤의 미래를 예측하고 싶어도 엄청나게 많은 계산을 수행해야 했거든요. 베이즈 확률론은 실용성이 떨어진다는 비판을 피할 수 없었습니다.

치사하게
컴퓨터를 사용하다니!

제2차 세계대전을 거치며 컴퓨터공학 기술이 발전하고, 현대의 거의 모든 컴퓨터가 따르고 있는 폰 노이만 구조 컴퓨터가 보급되기 시작합니다. 프로그램을 메모리에 저장해 두고 데이터와 연산을 분리하는 구조로 인해 컴퓨터의 계산 능력 또한 점점 향상되었고요. 과학자들은 이를 통해 베이즈 확률을 계산하는 알고리즘을 연구하기 시작합니다. 현재의 데이터를 가지고 불확실한 현상을 분석하기 위해서 말이죠.

"데이터를 분석하여 불확실성을 해소한다." 어디선가 들어 본 개념의 정의 같지 않나요? 네, 맞습니다. 머신러닝의 철학과 결이 같습니다. 어찌 보면 당시 연구되었던 베이즈 확률 계산기들은 원시적인 인공지능이라고 할 수 있습니다.

베이즈 정리를 계산하는 도구를 만들었을 뿐인데, 그게 미래를 예측하기도 하고 인공지능으로 분류되기도 했다는 사실이 신기하지 않나요? 사실 현대의 인공지능도 베이즈 정리를 계산하는 계산기에 지나지 않습니다. 그 성능이 좀 뛰어날 뿐이지요.

이후 인공지능 기술 발전의 역사는 베이즈 확률 계산기를 누가누가 잘 만드나의 싸움이라 요약할 수 있겠습니다.

인간의 뇌세포를 모방한 기계, 퍼셉트론

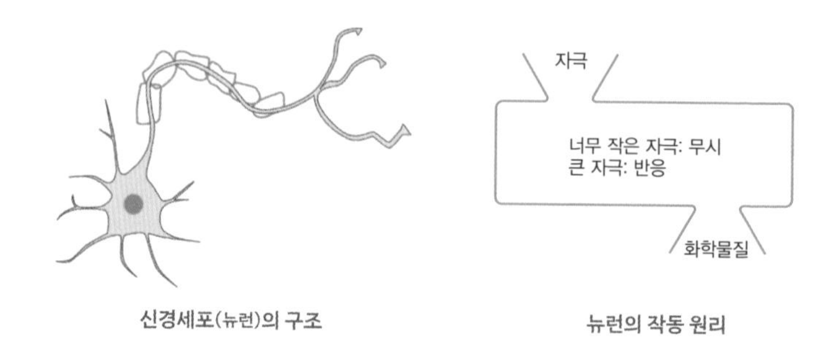

신경세포(뉴런)의 구조

뉴런의 작동 원리

뇌세포의 구조가 자세하게 밝혀지면서 과학자들은 이런 생각을 하게 되었습니다. "에이, 뇌세포도 그냥 베이즈 확률 계산기 아니야?"

당시엔 파격적인 주장이었지만 현대에는 정설로 받아들여지고 있습니다. 한술 더 떠서 어떤 뇌과학자들은 인간과 뇌 자체가 베이즈 정리 계산기에 지나지 않는다고 주장합니다. 인간의 모든 인지 과정과 감정, 그리고 창의력이나 판단 오류도 전부 베이즈 정리 계산으로 표현 가능합니다. 어쩌면 베이즈가 찾아낸 것은 단순한 수식이 아니라 세상의 작동 원리이자 인간의 영혼 그 자체 아닐까요?

뇌세포가 곧 베이즈 계산기라 생각한 과학자 중 한 명인 프랑크 로젠블라트는 1957년에 뇌세포를 모방한 베이즈 계산기를 제작하기에 이르렀습니다. 가장 성능 좋은 베이즈 계산기인 인간의 뇌를 흉내 내면 최고의 인공지능을 만들 수 있을 거라 믿었기 때문입니다. 그 계산기의 이름은 퍼셉트론perceptron입니다.

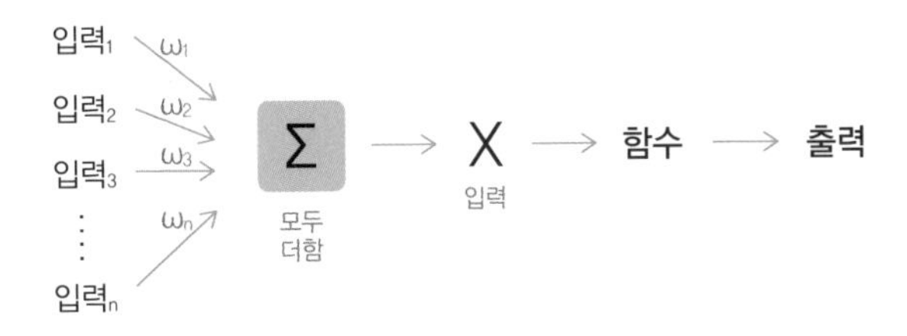

인공 신경, 퍼셉트론의 구조

뇌세포의 구조와 비슷하게 생기지 않았나요? 퍼셉트론은 마치 살아 있는 생명체의 뇌처럼 주변의 정보를 학습해 인지 활동을 할 수 있다는 점에서 많은 사람들의 관심을 모았습니다. 하지만 한계도 명확했습니다. 애초에 인간이나 동물도 신경 한 개만 갖고는 수준 높은 사고를 할 수 없습니다. 그걸 흉내 낸 퍼셉트론도 마찬가지였고요.

그럼 여러 개 쓰면… 안 되나?

퍼셉트론 한 개의 성능이 부족하다면 여러 개를 쓰면 되지 않겠냐는 단순한 반론이 제시되었습니다. 그에 따라 여러 개의 인공신경(퍼셉트론)으로 구성된 그물 형태의 구조물인 인공신경망artificial neural network이 제안되기에 이르렀습니다.

초기에는 컴퓨터의 성능이 낮았기에 인공신경망 계산에 아주 오랜 시간이 걸렸습니다. 인공신경망의 크기도 작을 수밖에 없었고요. 게다가 수학적 기법도 발전되기 전이라 실용성 있는 인공신경망 인공지능을 만드는 데에는 큰 어려움이 있었습니다. 이로 인해 1969년 이후 인공신경망 연구는 침체되었습니다.

"실현 가능성 없는 기술을 연구하는 데에 연구비를 낭비하고 있다." 이와 같은 비난이 들려오자 미국을 비롯한 각국 정부들은 인공지능 분야의 연구 예산을 축소했습니다. 학회에서 인공신경망을 연구하고 있다고 말하면 주변의 학자들이 이상한 눈초리로 쳐다봤다는 얘기도 있습니다. 이 시절을 인공지능 겨울AI winter이라 부릅니다.

1986년에 제프리 힌턴 연구 팀이 백프로퍼게이션backpropagation이라는 알고리즘을 발표하며 상황은 반전됩니다. 인공신경망을 샌드위치처럼 여러 층으로 쌓아 올리는 딥러닝 기법이 가능해졌거든요. 물론 반도체 기술의 발달이 생각보다 느렸기에 딥러닝이 적극적으로 활용되기까지는 시간이 더 걸렸습니다.

기나긴 모멸과 핍박의 시간을 견디고

거기서 30년 정도 시간이 흘렀습니다. 그 사이 반도체의 성능은 사람들의 예상보다 훨씬 빠르게 발전했습니다. 반도체 기술의 발달과 함께 인공지능 알고리즘들도 슬금슬금 구현되기 시작하더니, 쥐도 새도 모르게 인공지능 전문가들의 연봉이 올라가기 시작했습니다. 어느 날엔 매출도 안 나오는 딥마인드가 구글에 인수되더니, 그들이 만든 딥러닝 알파고가 바둑 세계 챔피언을 이기기도 했습니다. 그 이후 전 세계가 딥러닝 열풍에 빠졌지요.

지금은 그로부터 다시 7년이 지났습니다. 현재는 거의 모든 분야에서 인공지능이 사람보다 더 뛰어난 능력을 보이고 있습니다. 심지어 인간의 전유물이라 여겼던 예술이나 고등 사고의 영역마저도 인공지능이 인간을 앞서고 있습니다.

상용화되지 않아서 잘 모를 뿐이지, 매년 국제 인공지능 학회에서 소개되는 논문 발표를 보고 있노라면 인간이 드디어 신의 영역에 다가선 것은 아닌가 하는 두려움이 들 정도입니다. 아마 이 책을 읽는 여러분과 저를 포함해 그 누구도 ChatGPT보다 폭넓은 지식을 습득할 수는 없을 겁니다. 인공지능이 인간보다 똑똑한 것은 사실입니다.

4차 산업혁명의 주역으로 평가받는 딥러닝 기술은 앞에서 말했듯 베이즈 정리로부터 시작되었습니다. 단 한 줄의 수식이 세상을 바꾸기까지는 300년이 걸렸고요. 어쩌면 현재 각광받는 기술들도 완성되기까지 수십 년, 혹은 수백 년이 더 필요할지도 모릅니다. 혹은 이제 쇠퇴할 것이라 전망되는 기술이 의외로 수십 년은 더 살아남을지도 모르고요.

그래서 한편으로 저는 4차 산업혁명이라는 단어가 참 부질없는 개념이라 생각하기도 합니다. 당장 세상을 놀라게 한 기술에 요란을 떨기 보다는, 앞으로 큰 가능성을 발휘할 수 있는 기술 분야를 발굴하고 차곡 차곡 노력을 쌓아 나가는 것이 더욱 바람직하지 않을까요?

저는 이 책을 읽고 있는 여러분이 한 가지를 기억했으면 좋겠습니다. AI가 인간의 지능을 뛰어넘었네 마네 시끄러운 와중에, 이게 다 베이즈 정리라는 한 줄의 수식을 계산한 결과일 뿐이라는 것을 말입니다.

청소년도 이해할 수 있는 수식 한 줄. 그것이 인류의 지성을 뛰어넘어 세상의 진리를 담고 있을지도 모른다고 생각하면 왠지 두근거리지 않나요?

우리도 이해할 수 있는 AI 적용 혁신 사례

[예측의 시대]

미래는 이미 와 있다

많은 전문가와 정치인들은 AI가 우리의 미래를 바꿀 것이므로 다양한 방향에서 대비할 필요가 있다고 이야기합니다. 타당한 생각입니다. 하지만 놓친 부분이 하나 있습니다. 그들이 생각하는 근 미래에 올 혁신은 알고 보면 몇 년 전에 실현된 경우가 더 많거든요. 세상은 생각보다 빠르게 바뀌고 있으며, 바뀌어 갈 세상에 대비할 시간적 여유는 생각보다 부족합니다.

이 장에서는 2015년부터 2020년 사이에 있었던 사건들을 살펴보겠습니다. 누군가는 미래에 이뤄질 거라 상상하겠지만 명백히 과거에 일어난 사례들이지요.

비에이비랩스의 식수 예측 솔루션

식수 예측이란 식당에 방문하여 식사를 하는 사람이 몇 명일지를 예측하는 것을 의미합니다. 급식을 예로 들어 볼까요? 급식실의 영양사 선생님은 재학생의 수를 고려하여 몇 인분의 식사를 준비해야 할지 계산하고 재료를 구매합니다. 그런데 만약 많은 학생들이 학교 밖으로 나가서 점심을 먹고 온다면 어떻게 될까요? 애써 준비해 둔 음식이 많이 남겠죠. 정성이 무색해지는 것도 안타깝지만, 음식물 쓰레기를 버리는 것이 환경에 좋지 않고 처리 비용이 들어간다는 점도 문제입니다.

학교는 그나마 식수가 일정한 편이지만 기업의 급식 시설은 조금 다릅니다. 메뉴가 마음에 들지 않으면 팀 전체가 밖에 나가서 식사를 하고 오는 경우도 흔하고, 외부에서 손님들이 방문하기라도 하면 갑자기 평소보다 더 많은 식수가 발생하기도 합니다. 대량의 음식물 쓰레기가 발생하거나 음식이 모자라 클레임을 받을 일이 자주 생긴다는 이야기지요.

2016년, KAIST의 학생창업 팀인 비에이비랩스BABLabs는 머신러닝을 활용한 식수예측 솔루션을 발표했습니다. 요일이나 메뉴 구성에 따라 사람들이 몇 명이나 방문했는지, 얼마만큼의 음식이 남겨지거나 모자랐는지를 머신러닝으로 분석하여 매일 식당에 방문할 사람의 수를 예측하는 인공지능 기술이지요.

CJ나 삼성웰스토리 같은 위탁급식업체에 이런 기술이 도입된다면 매일 발생하는 음식물 쓰레기 처리 비용이 절감되고, 밥이 모자라 판매를 못 하는 상황도 방지할 수 있으니 수익률이 개선되겠지요? 환경 보호에도 기여할 수 있고요.

쿠팡 물류 센터의 로켓배송

쿠팡 물류 센터에서도 인공지능을 적극 활용하고 있습니다. 아마존이나 쿠팡은 전국 각 지역에 물류 센터를 지어 두고 다양한 제품들을 그곳에 차곡차곡 정리해 둡니다. 그리고 고객의 주문이 들어오면 가장 가까운 물류 센터에서 물건을 꺼내 배달해 줍니다.

여러분이 주문한 제품이 저 먼 생산지에서부터 배송되는 것이 아니라 집에서 한두 시간밖에 떨어지지 않은 물류 센터에서 배송되는 것이지요. 이것이 쿠팡 로켓배송과 같은 빠른 배송 시스템의 원리입니다.

쿠팡은 인공지능을 활용해 어느 지역에서 어떤 물건의 주문량이 폭증할지를 미리 예측하는 솔루션을 개발했습니다. 만약 인공지능이 '이번 주말 강원도 근처에서 폭죽 주문량이 크게 증가할 것으로 예상된다'고 예측한다면, 미리 강원도 근처 물류 센터에 대량의 폭죽을 보내 두는 것입니다. 우리가 누려 온 빠른 배송 서비스도 알고 보면 오래전에 도입된 인공지능 기술의 도움 덕분이었습니다.

알파카의 전동킥보드

공유 킥보드의 사용법을 알고 계신가요? 이용자들은 공유 킥보드를 빌려서 목적지까지 이동한 뒤, 킥보드를 근처에 세워 두고 볼일을 보러 갑니다. 킥보드 대여 업체에서는 매일 트럭을 타고 이동하면서 킥보드를 수거하여 다시 정해진 구역으로 운반해 두지요.

공유 킥보드 브랜드 알파카를 운영하는 ㈜매스아시아도 인공지능 기술을 활용한 솔루션을 개발했습니다. 어느 시점에 어느 지역에서 공유 킥보드 대여 수요가 증가할지를 예측하는 솔루션입니다. 그러면 킥보드 대여 수요가 제일 적은 지역에서 기계를 수거한 뒤 대여 수요가 제일 높은 지역으로 옮겨 놓을 수 있겠죠. 이는 결국 매출의 성장으로 이어질 것이고요.

그뿐만 아니라 공유 킥보드 업체는 실시간으로 유동 인구에 대한 상세한 데이터를 수집할 수 있습니다. '이번 주 금요일 오후 2시 기준으로 강남역 12번 출구에 가장 큰 유동 인구 흐름 발생 예정'과 같이 미리 예측을 하는 일도 어렵지 않겠죠.

유동 인구의 흐름은 결국 소비의 규모로 이어지며, 이는 주변 상권의 수익성과 부동산의 가격 변동으로 이어지는 중요한 지표입니다. 공유 킥보드 업체가 인공지능 기술을 이용해 부동산 임대 분야로 사업을 확장한다면 높은 수익률을 달성할 수 있겠지요?

넷플릭스의 흥행 예측 AI

넷플릭스는 작품의 흥행을 미리 예측할 수 있다는 사실, 알고 있나요? 넷플릭스는 200여 개의 국가에 서비스를 제공하고 있는데, 콘텐츠를 즐기는 취향은 국가별로 조금씩 차이가 있다고 합니다. 아무래도 문화의 차이가 있으니 똑같을 수 없겠지요.

그래서 넷플릭스는 어떤 문화권의 어떤 나라에서 어떤 작품이 얼마나 흥행할지를 예측하는 인공지능 솔루션을 개발해 사용하고 있습니다. 작품의 장르나 러닝타임 같은 메타데이터와 작품의 내용에 관한 태그, 시놉시스 등을 바탕으로 인공지능을 학습시킵니다. 이 AI는 영상을 시청한 적도 없으면서 마치 평론가처럼 작품을 다방면에서 바라보고,

각 국가나 문화권별로 흥행을 예측합니다.

또한 넷플릭스는 오프라인 마케팅도 열심히 진행하고 있습니다. 강남역에 설치된 디오라마(실물 축소 모형)라든지 택시나 버스 옆면에 부착된 광고를 본 적이 있을 겁니다. 넷플릭스 오리지널 작품을 홍보하고 있지요. 전 세계 어디에서나 마찬가지입니다. 이런 광고를 설치하고 운영하는 데에는 생각보다 큰 비용이 발생합니다.

넷플릭스는 인공지능을 활용해 이 마케팅비를 몹시도 효율적이고 영리하게 집행하고 있습니다. 예를 들어 AI가 '이 작품은 스페인에서 유행할 것'이라는 예측을 내놓는다면, 스페인에서의 홍보에 비용을 집중 투입해서 마케팅 효율을 극대화하는 것이지요.

미국 국방부의 전쟁 예측 AI

우크라이나와 러시아의 전쟁이 일어나기 전, 미국 대사관과 기업체들이 우크라이나에서 미리 철수했다는 사실을 아시나요? 군사 전문가들은 푸틴이 언제 전쟁을 일으킬지 미국이 이미 알고 있었다고 주장합니다.

실제로 미국 국방부에서는 전쟁을 예측하는 AI를 제작하고 있으며, 이미 상당한 성능의 개선이 이루어졌다고 발표했습니다. 인공지능이 어떻게 전쟁을 예측할 수 있을까요? 미국 국방부가 알기 쉬운 예시를 제공했으니 함께 살펴봅시다.

미국은 인공위성으로 전 세계를 살펴보고 있습니다. 그런데 특정 국가의 항만에 정박해 있던 잠수함들이 갑자기 사라진다면 어떨까요? 값비싼 연료비를 감당하며 잠수함을 출격시켰다면 모종의 군사작전이 실행되고 있으리라 예상할 수 있겠군요. 또 한편에서는 군사시설이나 방위산업 연구 시설의 주차장에 갑자기 많은 자동차가 들어오고 있습니다. 혹은 반대로 주차되어 있던 자동차가 모두 사라지는 상황도 있을 수 있습니다. 이런 움직임 또한 전쟁과 관련된 지표로 해석할 수 있습니다. 병사나 탱크의 이동은 더 이상의 설명이 필요 없는 상황이고요.

이렇듯 인공위성으로 살펴본 정보만으로도 전쟁의 낌새를 어느 정도는 예측할 수 있겠죠. 이해가 됩니다. 하지만 인공위성으로 촬영된 영상을 사람이 일일이 확인하면서 전 세계의 전쟁 상황을 예측하는 것은 무척이나 비효율적이고 어려운 일입니다. 지구가 얼마나 넓은데요.

그런 수준의 실시간 감시를 가능하도록 만든 것이 바로 비전 인식(사진, 동영상 등 영상 정보를 분석하는 기술) 인공지능 기술입니다. 사람이 영상을 돌려 가며 확인하는 건 무척 어렵고 지루한 일이겠지만 인공지능에게는 그렇지 않습니다. 아마 전 세계의 군사시설 사진을 모두 검토하는 데 1초도 걸리지 않을 거예요.

결과적으로 미국 국방부는 전쟁 징후를 실시간으로 포착할 수 있는 기술을 갖게 되었습니다. 재미있는 점은 우크라이나 전쟁 이후에 이 기술에 대한 보도를 적극적으로 터뜨렸다는 것입니다. 전쟁 이전에 이미 자국민들을 철수시킨 정황이 미국 국방부의 주장에 강력한 설득력을 부여하고 있고요.

의사보다 빠르고 정확한 의료 AI

MRI나 CT 촬영을 해 본 적이 있으신가요? 많은 경우 진단이 당일에 나오지 않습니다. 암과 같은 질환의 경우, 길게는 일주일에서 한 달까지도 시간이 걸립니다. 병원이 게으르거나 환자가 많아서가 아니라 분석 작업 자체가 어렵고 고된 일이기 때문입니다. 심장 CT를 예로 들면, 성인 남성의 심장을 진단하기 위해 CT 영상을 200~300장가량 촬영해야 합니다. 진단을 맡은 전문의는 수백 장의 사진을 하나씩 살펴보면서 이상 징후를 찾아내야 하지요.

그런데 그 이상 징후라는 것이 눈에 쉽게 띄는 것도 아닙니다. 의료진이 아닌 일반인이라면 CT 사진을 보며 설명을 들어도 뭐가 뭔지 알 수 없습니다. 무엇이 암세포고 무엇이 혈관인지 분간하기도 어렵습니다. 그만큼 의료 영상을 토대로 한 정밀 진단은 쉽지 않은 일입니다. 그런데 이 작업을 인공지능에 맡긴다면 어떨까요?

저는 2017년에 모 대형 병원과 벤처기업의 의뢰로 심장의 관상동맥을 표지하는 인공지능을 개발했고 그걸로 석사학위를 받았습니다. 심혈관을 표지하는 작업은 CT 사진에서 좁은 혈관 부분만 찾아내 색칠하는 것으로, 보통 전문가가 3일가량을 집중해야 끝나는 일입니다. 그런데 인공지능은 3초 만에 환자 7명의 심혈관 표지를 마쳤습니다. 심지어 전문가가 놓친 혈관을 찾아내기도 했습니다. 의료 현장에 인공지능이 도입되면 보다 많은 환자들이 빠르게 진단과 치료를 받을 수 있게 될 겁니다. 실제로 2022년 기준 거의 모든 대형 병원에서 어떠한 형태로든 인공지능을 활용하고 있습니다. 진료에서 전면적으로 사용하든, 납품받은 의료기기 내부에 탑재되어 있든 말입니다.

30년 경력의 농부보다 농사를 잘 짓는 AI

네덜란드에서는 매년 재미있는 대회가 열리고 있습니다. 수십 년 동안 농사를 지어 온 인간 농부 팀들과 인공지능 농부 팀들이 겨루는 대회입니다. 대결 주제는 물론 '누가 더 농사를 잘 짓나'입니다.

재미있는 점은, 1회차 대회를 제외하면 인간 팀이 이긴 적이 없다는 점입니다. 처음에는 'AI가 인간보다 농사를 잘 지을 수 있을까?'를 보여주자는 취지로 시작된 대회이지만 2회차부터는 'AI가 농사를 더 잘 짓는 건 당연하고, 그중 최고는 누구인가?'를 겨루는 대회가 되어 버렸습니다. 일주일 걸려 제작된 인공지능이 네덜란드의 35년 차 농부보다도 더 맛있고 건강한 토마토를 길러 내는 것입니다. 시간과 경험으로 쌓아 올린 지식이 갈수록 무색해지는 것처럼 보입니다.

저 역시 농업 인공지능을 연구하고 있습니다. 여러 논문과 특허를 등록했고, 현재는 인공지능을 이용해 의료용 대마를 재배 중입니다. 전통적인 농부들이라면 가업을 이어 수십 년간 쌓아 올려야 할 노하우를 인공지능이 단 몇 초 만에 학습하는 모습을 직접 보고 있습니다.

이 모든 것이 과거의 일입니다

인간은 한 번에 한 개의 인생만 살아갈 수 있지만 인공지능은 그렇지 않습니다. 사람이 한 가지 루트를 따라 운전을 하는 동안 인공지능은 수백만 개의 운전 시나리오를 학습할 수 있습니다. 새로운 지식을 습득하고 패턴화하는 과정은 인공지능이 인간보다 훨씬 뛰어납니다.

수십만 명의 사람이 평생에 걸쳐 쌓아 올린 위업은 '빅데이터'라는 이름으로 정리될 수 있겠죠. 그리고 반도체 기술의 발달에 힘입어 빅데이터의 분석에는 몇 초의 시간밖에 걸리지 않습니다. 이것이 인공지능 기술이 언젠가는 인간의 지성을 뛰어넘을 수밖에 없는 이유입니다.

인공지능 기술의 본질적인 가치는 게임을 잘하거나 자율 주행 자동차를 모는 것이 아니라, 수많은 전문가들의 모든 업적을 흡수하여 자기 것으로 만드는 능력이라 생각합니다.

우리도 AI와 경쟁해서 이기려 하기보다는 AI를 능숙하게 사용하는 법을 배우고 흡수하는 편이 미래의 전문가로 자리 잡기에 유리하지 않을까요?

AI 예술가가 인간의 창조성을 넘을 수 있을까?

[예술의 미래]

인간만이 예술을 할까?

예술이란 무언가를 표현하는 창작 활동입니다. 예술이 성립하려면 표현하려는 콘텐츠와 표현이라는 행위를 실현시키기 위한 기법이 필요하죠. 여기서 콘텐츠는 작가의 철학이나 메시지일 수도 있고, 순수한 심미성의 탐구가 될 수도 있습니다. 그리고 기법은 아름다움이나 개성을 구현해 내는 수단으로 작동하고요.

예술이 성립하려면 고등 사고와 심미적 구현이 동반되어야 합니다. 따라서 예술이라는 행위는 고도의 창의력이 요구되는 인간의 전유물로 여겨져 왔습니다. 그러나 여러 동물들의 행동 패턴에서도 아름다움 추구가 발견된다는 사실을 혹시 아시나요?

지구상의 많은 종이 심미성과 개성을 추구한다

뉴기니에 서식하는 보겔콥바우어새Vogelkop bowerbird라는 새는 잎사귀와 이끼 등을 활용하여 지름 1.6m, 높이 1m가량의 크고 아름다운 움집을 짓습니다. 두세 명의 사람이 들어가 앉아 있을 만한 크기의 거대한 새집이지요.

이러한 습성만으로도 신기한데 더 재미있는 점이 있습니다. 새들은

존 굴드가 그린 보겔콥바우어새의 모습(wikimedia / public domain)

건축이 끝난 뒤 꽃잎을 물어 와 집을 화려하게 치장합니다. 그러면 암컷 새들은 날아다니며 여러 집을 돌아보다가, 가장 아름다운 집에 내려앉아 짝짓기를 하고 알을 낳습니다.

아직 이들이 어떤 메시지를 담아 표현을 시도하는지에 대한 연구는 진행된 바가 없지만, 적어도 '동물이 심미성을 추구하며 일종의 조소 작품을 창작하는 행위'라고 볼 수 있는 사례임은 틀림없습니다.

더 재미있는 사례도 있습니다. 2004년 생물학자 할 화이트헤드가 저명한 국제 학술지 《바이오로지컬 컨저베이션Biological Conservation》에 발표한 논문에 따르면 범고래들 사이에서도 아름다움을 추구하는 행위가 발견되었습니다. 심지어 일종의 패션이 유행하는 현상까지도 나타났죠.

1987년, 미국 워싱턴주 서부의 퓨젓 사운드Puget Sound 해역에서 암컷 범고래 한 마리가 죽은 연어를 모자처럼 쓰고 다니는 모습이 발견됩니다. 이를 본 다른 범고래들도 연어를 사냥한 다음, 먹는 대신 머리 위에 얹고 돌아다니기 시작했습니다.

이 유행은 6주가량 지속되고 시들해졌습니다. 동물들 사이에서도 패션을 통한 개성의 표현이 발생하고, 단기간에 들불처럼 유행했다가 시간이 지나 사그라드는 과정이 관측된 것입니다.

예술은 인간의 전유물이라는 오래된 착각

모더니즘 이후 예술 작품에 굳이 메시지를 담을 필요가 없어졌습니다. 단순한 표현 기법에서 태어나는 아름다움을 나누는 행위가 그 자체로 예술로 인정받게 되었거든요. 따라서 이 시대에는 창작자가 "이것은 예술 작품이다"라고 정의를 내리거나 감상자가 심미성을 느끼는 순간 예술이 성립하는 셈입니다.

이 점에서 꽃을 물어 와 아름답게 꾸민 새집이나, 고래의 머리 위에 올려진 연어 모자는 예술의 정의에 정확하게 부합합니다. 창작자인 동물의 속마음까지는 우리가 알 수 없지만, 적어도 다른 동물들이 그로부터 심미성을 느낀다는 사실은 증명이 되었으니까요. 예술 활동은 고도의 지성을 필요로 하므로 인간의 전유물이라는 오래된 명제가 흔들리기 시작합니다. 네, 좋습니다. 그러면 '예술 활동은 사고가 가능한 지성체의 전유물'이라는 좀 더 너그러운 기준을 세워 보겠습니다.

새로운 기준은 꽤나 잘 작동하는 것 같습니다. 지능이 없는 식물은 예술 활동을 할 수 없으며, 상대적으로 지능이 더 낮고 신체 구조가 창작 활동에 부적합한 곤충, 파충류, 양서류의 예술 활동이 성립할 여지는 적어 보이니까요. 수상하리만큼 똑똑한 어떤 새와, 머리가 좋기로 유명한 고래 정도의 예외는 눈감아 줄 수 있습니다.

그런데 꼭 이런 기준을 세우고 수업을 마무리하려 하면 누군가 손을 듣고 질문을 하기 마련입니다. "그럼 인공지능은요?"

예술은 정말로 지성체의 전유물일까?

인공지능은 지능이 있어 주어진 지적 과제를 처리할 수는 있지만, 지성은 없어 학습 과정에서 부여받은 과제 이외의 작업이나 판단은 할 수 없습니다. 따라서 인공지능은 지성체가 아닙니다.

하지만 인공지능은 그림이나 음악을 창작할 수 있습니다. 그것도 인간과는 비교도 할 수 없을 정도로 빠르게, 뛰어난 퀄리티로 말이지요. 그렇다면 인공지능 역시 예술 활동을 할 수 있는 존재로 봐야 하는 건 아닐까요?

인공지능은 어떻게 창작 활동을 할까요? 그림, 소리, 문장 등 새로운 데이터를 만들어 내는 인공지능을 생성 모델generative model이라고 부릅니다. 생성 모델에도 다양한 작동 원리가 있는데, 이들의 공통점은 역시 빅데이터가 필요하다는 점입니다.

예를 들어 그림을 그리는 인공지능을 제작하려면 대량의 그림 파일이 필요합니다. 음악을 작곡하는 인공지능을 제작하려면 대량의 음악 파일이 필요하고요. 인공지능은 인간이 수집해 제공해 준 빅데이터 속에서 예술적 표현 기법의 패턴을 찾아내고, 이에 따라 새로운 작품을 창조합니다.

여기까지만 살펴보면 인간의 지적 활동과 크게 다르지 않습니다. 인간 또한 다양한 예술 작품을 감상하며 보편적인 표현 방식을 익히고, 감정의 변화라는 경험을 축적시키며 자신만의 에고를 길러 내고, 이를 다시 작품으로 풀어내니까요. 어쩌면 인간 예술가의 작업 역시 빅데이터를 토대로 전개되는 것이라 볼 수도 있겠습니다. 어라, 인공지능의 작품 활동과 크게 차이가 없네요?

적대적인 경쟁을 통해 성장하는 인공지능 모델

GANGenerative Adversarial Networks이라 불리는 모델이 등장하면서 인공지능 예술가의 작동 원리는 더더욱 인간을 닮아 가게 되었습니다. GAN의 작동 원리는 일종의 경쟁을 통한 성능 향상입니다. 'adversarial'이라는 영단어는 '적대적'이라는 뜻을 갖고 있는데요. 두 개의 모델이 서로 적대적으로 경쟁하면서 성장하기 때문에 그런 이름이 붙었습니다.

GAN은 일반적인 인공지능과 달리 두 개의 AI가 하나로 묶여 있는 구조입니다. 각각 '제너레이터generator 모델'과 '디스크리미네이터discriminator 모델'입니다. 이 두 모델이 서로 게임을 하면서 경쟁합니다.

제너레이터는 마치 진짜 같은 위조 데이터를 생성합니다. 이 데이터

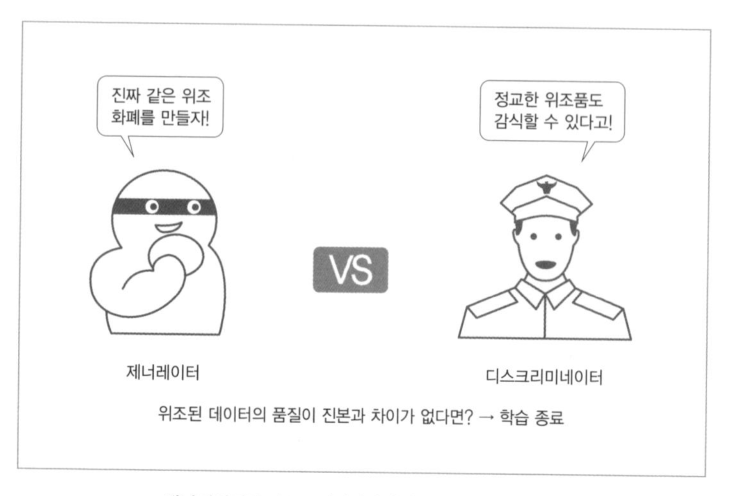

제너레이터와 디스크리미네이터의 관계를 묘사한 그림

는 사진일 수도 있고 음악일 수도 있습니다. 편의상 예술 작품이라 이해하셔도 좋습니다. 그리고 디스크리미네이터는 진짜 데이터와 위조 데이터를 놓고 어느 쪽이 진품이고 어느 쪽이 위조품인지 감별합니다. 이들의 관계는 마치 위조화폐 주조범과 경찰 같습니다.

제너레이터는 상대방을 속이기 위해 점점 더 정교한 위조 데이터를 생성합니다. 반대로 디스크리미네이터는 제너레이터에게 속지 않기 위해 점점 더 감별 실력을 늘려 나가고요. 둘 사이의 경쟁이 양쪽 모두의 실력 향상으로 이어지는 것입니다.

그런데 이 싸움은 결국에는 제너레이터의 승리로 끝나게 되어 있습니다. 진짜와 아예 똑같은 퀄리티로 위조품을 생성할 수 있다면, 이를 감별하는 것은 불가능하니까요.

AI가 만들어 낸 가상의 인물 사진(https://this-person-does-not-exist.com/)

위 그림은 GAN이 생성한 가짜 사람 데이터입니다. 현실 세계에는 없는 사람이지요. '이 사람은 존재하지 않는다This person does not exist'라는 사이트에 방문하면 AI가 제작한 가상 인물 이미지들을 감상할 수 있습니다.

솔직히 우리 눈에도 사람처럼 보이는데 디스크리미네이터라고 해서 구분이 쉬울까요? 이것이 AI 간의 경쟁이 빚어낸 놀라운 결과입니다. 학습이 끝난 GAN을 활용하면 현실 세계에 존재하지 않는 가상의 인물 사진 수만 개를 1초 만에 만들어 낼 수도 있습니다. 모든 인물의 생김새가 다르고 입고 있는 옷도 다른 사진으로 말이죠.

현실에 존재하지 않는 그림을 생성해 내는 행위이므로 이는 창작 활동에 해당합니다. 여러분이 저 사진을 보고 아름다움을 느꼈다면 '감상자가 아름다움을 느끼는 순간 예술이다'라는 정의에도 부합합니다.

4차 산업혁명 시대,
예술의 미래는 어디로 향할까?

카메라가 등장했을 때 세상 사람들은 화가라는 직업이 사라질 거라고 떠들었습니다. 사진과는 도저히 경쟁할 수 없었기 때문이죠. 하지만 카메라의 등장은 오히려 미술을 현상의 묘사가 아니라 순수한 표현의 영역으로 변모시켰고, 현대미술의 태동을 불러왔습니다.

GAN은 그 시절의 카메라와 마찬가지입니다. 웬만한 아마추어 예술인들보다 정교한 표현력에 더해 말도 안 되게 빠른 생산 속도를 갖고 있습니다. 예술성 또한 뒤지지 않습니다. 얼마든지 철학적 사유를 일으킬 만한 작품들도 생성해 내고 있거든요. 누군가의 자리를 빼앗을 거라 예견되는 것도 당연합니다.

과연 인공지능은 예술인들과 경쟁하며 독자적인 입지를 구축할까요? 아니면 새로운 예술의 장르를 개척하여 더 많은 예술가들이 꿈을 펼칠 기회의 장을 열어 주게 될까요?

특이점 이후 세상의 체험판

[ChatGPT]

AI도 자아를 가질 수 있을까?

"이 AI에는 자아가 있어요. 8세 아동 수준의 지능이 있다고요!"

어떠세요? 말도 안 되는 허황된 이야기로 들리지 않나요? 2022년 6월 11일, 구글의 AI 람다LaMDA의 개발자 블레이크 르모인이 《워싱턴포스트》와의 인터뷰를 통해 발표한 내용입니다. 어라, 출처를 듣고 나니 더 이상 농담으로 들리지 않는 것 같기도 합니다. 놀랍게도 르모인은 2주 뒤 구글에서 해고당합니다. 해고 사유는 기밀 유출입니다.

자아를 가진 인공지능이라는 자극적인 소재 덕분일까요? 이 소식은 지구 곳곳에 전해져 사람들을 흥분시켰습니다. 지구 반대편에 있는 우리나라도 이 소식으로 떠들썩했죠. 개발자들은 "르모인이 오해를 했을 것"이라며 입을 모았고, 일반인들은 "드디어 특이점이 왔나?"라고 놀라워했지요. 여기에 '구글이 사실을 은폐하기 위해 르모인을 해고한 것이 아닌가?'라는 의문까지 제기되며 커뮤니티는 난리통이 되었습니다. 그만큼 특이점과 고성능 인공지능에 대한 관심이 대중에 널리 퍼졌다는 뜻이겠지요.

이렇게까지 지대한 관심이 쏠리니 구글에서도 꽤나 진지하게 대응했습니다. 람다에 자아가 있는지 검증하기 위해 최고의 기술자들을 모아 11회에 걸친 실험을 했고, 자아가 존재하지 않는다는 결론을 내렸습니다.

ChatGPT의 놀라운 성능

2022년 12월, ChatGPT라는 이름의 챗봇 인공지능 서비스가 출시되었습니다. 이 인공지능을 두고 전 세계의 전문가들이 우려를 표했고, 구글은 코드 레드(긴급 사태 선포)를 발령하며 경영진을 소집했습니다. 전 세계의 언론사들은 연일 구글의 종말을 주장했습니다. 도대체 ChatGPT가 무엇이기에 이렇게 다들 난리였을까요?

유튜브 620만 구독자를 보유한 저명한 교수인 조던 피터슨은 12월

중순 강연에서 이렇게 말했습니다. "올해 안에 일어날 일입니다. AI는 이제 언어를 이해하여 세상의 모델을 추출해 낼 수 있습니다. 그리고, 그 AI는 당신보다 똑똑합니다."

당연히 우리나라에 있는 관련 커뮤니티의 반응도 뜨거웠습니다. 흥분한 누리꾼들은 앞다투어 ChatGPT에 접속했고, 그 성능에 놀라 마치 '간증' 같은 사용 후기를 인터넷에 올렸습니다. 후기를 본 사람들이 다시 ChatGPT에 접속했고요. 결국 ChatGPT는 인류 역사상 최단기간 안에 100만 명의 이용자를 확보하기에 이르렀습니다. 참고로 ChatGPT는 5일, 인스타그램은 75일, 스포티파이는 150일, 페이스북은 300일, 넷플릭스는 1,300일이라는 기록을 갖고 있죠.

개발자들은 2년 전에 만들어진 기술이 얼마나 전문적으로 진화되었는지 확인하기 위해 ChatGPT에 접속했습니다. 그리고 얼마 지나지 않아 개발자들 사이에서 수상한 이야기가 오가기 시작했습니다.

"제가 ChatGPT에게 코딩을 시켜 봤는데요, 얘가 사람보다 잘하는 것 같은데요?"

```
import requests
import json

# Your YouTube Data API key
```

```
api_key='YOUR_API_KEY'

# The channel ID for New Jeans' YouTube channel
channel_id='UCzJFjf6G2U6X9UJ-eBxoEkg'

# The URL to make a GET request to the YouTube Data API
url=f'https://www.googleapis.com/youtube/v3/search?part=snippe
t&channelId={channel_id}&type=video&maxResults=1&key={api_
key}'

# Make the GET request
response=requests.get(url)

# Get the JSON data from the response
data=json.loads(response.text)

# Extract the video URL from the JSON data
video_url=f'https://www.youtube.com/watch?v={data["items"][0]
["id"]["videoId"]}'
print(video_url)
```

ChatGPT가 코딩한 소프트웨어

앞의 코드는 ChatGPT가 직접 코딩한 프로그램입니다. 이 프로그램을 작동시키면 유튜브에서 뉴진스 뮤직비디오가 자동으로 수집됩니다. 여러분은 이제 코딩을 공부하지 않고서도 IT 분야의 업무를 할 수 있게 될지도 모르겠습니다. 그저 인공지능에게 적당한 타이밍에 적절한 코드를 짜도록 명령만 내리면 되니까요.

개발자뿐 아니라 다양한 분야의 전문가들이 ChatGPT를 사용해 보고 놀랐습니다. 'ChatGPT가 나보다 논문을 빨리 쓴다, 내가 고민하던 새로운 논리를 ChatGPT가 순식간에 만들어 버렸다, 법률 상담도 나보다 더 잘하는 것 같다'는 식의 후기를 쉽게 찾아볼 수 있습니다.

여러분도 직접 ChatGPT에게 질문해 보는 것을 추천합니다. 특히나 ChatGPT는 수능 시험 문제 정도는 손쉽게 풀며 그럴싸한 해설도 제공해 줍니다. 그러니 공부를 하다가 모르는 문제가 나왔을 때 ChatGPT를 활용한다면 성적 향상에 도움이 될지도 모르겠네요.

인공지능이 가져온 '숙제의 종말'

ChatGPT는 특히 빠른 시간 안에 긴 답변을 작성하는 능력이 뛰어납니다. 전문 지식을 물어봐도 그럴싸하게 대답하고, 번역이나 요약은 물론 장문의 글을 주고 주제를 찾도록 시키는 문제도 척척 풀어냅니다.

반대로 간단한 주제만 던져 주고 장문의 글을 써 오라는 과제도 쉽게 해내고요.

이 때문에 대학 교수들과 고등학교 교사들은 깊은 고민에 빠졌습니다. ChatGPT에게 에세이나 리포트를 쓰라고 시키면 사람이 쓴 것과 분간할 수 없을 만큼 잘 써 오거든요.

작문 숙제는 쓰는 과정에서 학생들에게 생각할 기회를 제공하고, 다양한 정보를 수집하여 나름의 논리를 구축하는 과정을 연습시키기 위한 것입니다. 그렇기에 미국 고등학교나 국내외 대학교에서는 보고서나 소논문을 작성하는 과제를 정말 많이 내 줍니다.

그런데 숙제를 ChatGPT에게 시키면 2초 만에 그럴싸한 보고서가 나옵니다. 매번 조금씩 내용도 달라지기 때문에 표절 문제도 발생하지 않습니다. 심지어 문법적으로도 문제가 없고, 사용하는 어휘 역시 격식을 갖추고 있기에 학생들이 쓴 것에 비해 수준이 떨어지지도 않습니다. 이에 교육계에서는 ChatGPT의 등장 이후에도 기존의 교육체계가 제대로 작동할 수 있을지에 대한 논의가 진행되고 있습니다.

그 와중에 정반대의 상황도 등장했습니다. 학생들이 써 온 리포트의 채점을 ChatGPT에게 맡기니 너무 편하다는 입장이지요. 숙제를 하나하나 읽어 보며 채점하면 시간이 꽤나 오래 걸리는 일을 ChatGPT에게 맡기니 몇 초면 충분했거든요. 하지만 교사의 직업윤리상 문제가 될 수 있겠죠.

학생이 ChatGPT를 사용하여 발생하는 문제와 교육자가 ChatGPT를 사용하여 발생하는 문제가 뒤섞이며 현재 미국 교육계는 진통을 겪고 있습니다. 우리나라 대학교의 상황도 비슷해서 여러 학교 교수들이 활발하게 의견을 개진하고 있습니다.

인공지능 시대, 지식과 창의성의 가치

ChatGPT는 지금까지 인류가 쌓아 온 지식 대부분을 알고 있습니다. 이렇게 강력한 인공지능이 무료로 전 세계에 공개되어 있어, 스마트폰만 있으면 누구든 접근할 수 있습니다. 과거에 인터넷에서 필요한 정보를 검색하는 것보다 훨씬 쉽게 정보를 얻게 되었습니다. 네이버나 구글 같은 검색 포털에서 정보를 습득하려면 수많은 검색 결과들을 클릭해 가며 최선의 정보를 찾아내는 과정이 필요했지만 이제는 그 과정이 필요하지 않게 된 것이죠.

과연 이런 시대에 새로운 지식을 습득하는 과정이 과연 예전만큼 숭고하고 가치 있는 일일까요? 어쩌면 남들보다 빠르게 ChatGPT에게 적절한 질문을 던질 수 있는 능력이 더욱 가치 있는 것은 아닐까요?

지식 습득이 경제적 가치를 상실할 것이라는 시나리오는 특이점 이후의 세상을 예측하는 과정에서 거의 필수적으로 언급됩니다. 어쩌면 특이점이 이미 일정 부분 도래한 것일지도 모르겠습니다.

그렇다면 창의성의 가치는 어떨까요? 이 또한 매우 낮아질 수도 있겠습니다. 텍스트를 기반으로 그림을 그려 주는 인공지능이 이미 사회적으로 큰 파장을 불러왔습니다. 그런데 마침 ChatGPT는 텍스트를 잘 만들어 냅니다. 그 둘을 결합하면 ChatGPT가 지닌 창의성을 그림으로 표현하는 일이 쉬워집니다.

ChatGPT와 Dream.AI를 활용해 그려 낸 그림

위 이미지는 ChatGPT와 Dream.AI(https://dream.ai/create)를 활용해 그려 낸 그림입니다. 제가 몇 가지 키워드를 제공해 주자 ChatGPT는 창의적인 내용을 담은 텍스트를 창작해 냈고 그 텍스트를 기반으로 Dream.AI는 그림을 그렸습니다.

세 장의 그림 모두 곳곳에서 창의적인 시도가 엿보입니다. 나무 사이를 헤엄치는 고래 모양의 배, 나무에 열린 잠수정, 배 위에 자라난 돛 모양의 나무는 명백히 몇 단계의 은유를 거친 표현입니다. 이 정도의 창의성을 표현해 내는 데에 두 개의 인공지능이 투자한 시간은 모두 합쳐 10초 내외입니다.

인간이 한 가지 심상을 창작해 내는 동안 AI는 제각기 다른 개성을 뽐내는 수백만 개의 샘플을 창작해 낼 수 있습니다. 창의성의 영역에서도 인간이 AI와 경쟁하여 이기기 힘든 세상이 왔습니다.

사실 기술적으로는 이미 수년 전에 가능한 일이었지만 ChatGPT의 공개는 이런 현실을 여과 없이 보여 주었습니다. 전 세계 사람들이 피부에 와 닿는 체험을 하는 사건이었기에 큰 사회적 파장을 불러왔던 것입니다.

모든 곳에서 새로운 체계가 필요하다

조던 피터슨은 이렇게 경고합니다. 이미 AI는 세상을 인식하고 이해할 수 있으며, 당신보다 똑똑하다고요.[1] 그리고 현재의 기술력으로 사람 한 명의 지식, 사상, 가치관, 습관, 외모를 완전히 복제한 인공지능을 만드는 데에는 3개월밖에 걸리지 않는다고 이야기합니다.

현재 인간은 다양한 분야의 능력에서 AI에 우위를 빼앗길 위기에 처해 있습니다. 이것만으로도 인간이 창출할 수 있는 경제적 가치가 얼마나 하락할 것인지에 대한 추산이 곤란할 지경인데, 이제는 인간 그 자체를 복제한 인공지능까지 걱정하게 생겼습니다.

사람은 세상에 단 하나만 있기에 빛나고 소중한 존재입니다. 그런데 만약 여러분과 완전히 똑같은 인공지능이 1,000개쯤 등장한다면 본체의 가치는 어떻게 될까요? 대체 가능한 존재로 전락하여 가치가 하락할 수도 있고, 수없이 많은 복제품 중 유일한 원본이므로 가치가 더욱 상승할 수도 있습니다.

단, 복제품들 사이의 진본이 가치 있으려면 진본에만 있는 '무언가'가 있어야겠지요. 여러분은 인류 역사상 가장 잔인한 PR 경쟁과 자기계발 경쟁 사회에 놓이게 되었는지도 모르겠습니다.

이 모든 논의가 ChatGPT의 출시를 계기로 일반인들에게까지 퍼지게 되었습니다. 어쩌면 OpenAI의 자비 덕에 특이점 이후의 세상을 순한 맛으로 체험해 볼 기회가 온 것인지도 모르겠네요.

AI 시대, 수능이 공정하게 남을 수 있을까?

[입시의 미래]

신분 이동의 사다리 역할을 한 '시험'

귀족과 평민, 양반과 천민. 역사상 대다수의 문화권은 공고한 신분 제도를 토대로 발전해 왔습니다. 그러다 산업혁명 이후 명시적으로 사람의 신분을 구분하는 제도는 점차 희석됐고 현재에 와서는 거의 사라졌다고 봐도 무방합니다.

하지만 법률에 명시된 신분의 벽은 허물어졌을지언정 현대사회에는 또 다른 신분의 벽이 생겼습니다. 신분을 나누는 새로운 기준은 바로 돈입니다. 자본주의 국가는 물론이거니와 공산주의를 표방하는 국가에서도 펼쳐지고 있는 현상입니다.

부모님으로부터 재산을 물려받거나 투기에 성공해서 갑작스레 큰 돈이 생기는 경우를 제외하면 소위 신분 상승이란 '직업의 선택'으로 결정되게 마련입니다. 따라서 우리 사회는 돈을 잘 버는 직업을 좋은 직업이라고 부릅니다. 그걸 가질 가능성을 조금이나마 높이기 위해 좋은 대학에 진학하려고 그리도 많은 사람들이 애쓰고 있습니다.

그러니 우리가 청소년 시기에 수능 시험을 잘 치기 위해 공부하는 이유를 요약하자면, 보다 좋은 직업을 가질 확률, 즉 더 높은 신분을 얻을 확률을 높이기 위함일 것입니다.

ChatGPT,
수능을 박살내다

문득 이런 생각이 들었습니다. 바둑도 AI가 더 잘 두고 운전도 AI가 더 잘한다면, 수능도 AI가 더 잘 치지 않을까요? 여러분들은 어떻게 생각하나요?

저는 최신 수능 문제를 몇 개 골라 ChatGPT에게 풀게 해 봤습니다.

2023년도 수능 영어 24번 문제

24. 다음 글의 제목으로 가장 적절한 것은?

Different parts of the brain's visual system get information on a need-to-know basis. Cells that help your hand muscles reach out to an object need to know the size and location of the object, but they don't need to know about color. They need to know a little about shape, but not in great detail. Cells that help you recognize people's faces need to be extremely sensitive to details of shape, but they can pay less attention to location. It is natural to assume that anyone who sees an object sees everything about it — the shape, color, location, and movement. However, one part of your brain sees its shape, another sees color, another detects location, and another perceives movement. Consequently, after localized brain damage, it is possible to see certain aspects of an object and not others. Centuries ago, people found it difficult to imagine how someone could see an object without seeing what color it is. Even today, you might find it surprising to learn about people who see an object without seeing where it is, or see it without seeing whether it is moving.

① Visual Systems Never Betray Our Trust!

② Secret Missions of Color-Sensitive Brain Cells

③ Blind Spots: What Is Still Unknown About the Brain

④ Why Brain Cells Exemplify Nature's Recovery Process

⑤ Separate and Independent: Brain Cells' Visual Perceptions

ChatGPT의 해답과 풀이

가장 적절한 제목은 ⑤번입니다. 문제의 지문에서는 시각 체계의 서로 다른 부분들이 대상물에 대한 정보를 요구에 따라 전달받고 있다는 점, 일부 시신경 손상 후 대상물의 일부 요소만을 볼 수 있다는 점 등이 언급되어 있습니다. 이는 시각 체계에 서로 독립적인 요소들이 있음을 의미하므로, 보기 ⑤번인 'Separate and Independent: Brain Cells' Visual Perceptions'가 글의 주제를 잘 요약하고 있습니다.

문제의 정답도 잘 찾았고, 풀이 또한 깔끔합니다.

2023년도 수능 영어 35번 문제

35. 다음 글에서 전체 흐름과 관계 없는 문장은?

Actors, singers, politicians and countless others recognise the power of the human voice as a means of communication beyond the simple decoding of the words that are used. Learning to control your voice and use it for different purposes is, therefore, one of the most important skills to develop as an early career teacher. ① The more confidently you give instructions, the higher the chance of a positive class response. ② There are times when being able to project your voice loudly will be very useful when working in school, and knowing that you can cut through a noisy classroom, dinner hall or playground is a great skill to have. ③ In order to address serious noise issues in school, students, parents and teachers should search for a solution together. ④ However, I would always advise that you use your loudest voice incredibly sparingly and avoid shouting as much as possible. ⑤ A quiet, authoritative and measured tone has so much more impact than slightly panicked shouting.

ChatGPT의 해답과 풀이

글의 흐름과 관계없는 문장은 ③번입니다. 글의 나머지 부분은 인간의 목소리를 어떻게 제어하고 사용할 수 있는지에 대해 설명하고 이에 관한 조언을 제공하고 있습니다. 그러나 ③번 문장에서는 학교에서의 소음 문제를 해결하기 위해 학생과 선생님이 함께 해결책을 찾아야 한다는 의견이 제시되고 있습니다. 이는 글의 주제와는 상관없는 의견이기 때문에 글의 흐름과 관계없는 문장으로 생각됩니다.

내용을 전부 이해하지 않으면 풀기 힘든 문제 유형 역시 깔끔하게 풀어냈습니다. AI는 최신 수능 영어 지문을 2초 만에 풀었고 깔끔한 해답까지 제공해 주었습니다. 여기서 그칠 수 없었던 저는 수학 문제도 한 번 줘 봤습니다.

2023년도 수능 수학 14번 문제

14. 다항함수 $f(x)$에 대하여 함수 $g(x)$를 다음과 같이 정의한다.

$$g(x)=\begin{cases} x & (x<-1 \text{ 또는 } x>1) \\ f(x) & (-1\le x\le 1) \end{cases}$$

함수 $h(x)=\lim_{t\to 0+} g(x+t)\times \lim_{t\to 2+} g(x+t)$에 대하여

<보기>에서 옳은 것만을 있는 대로 고른 것은? [4점]

<보 기>

ㄱ. $h(1)=3$

ㄴ. 함수 $h(x)$는 실수 전체의 집합에서 연속이다.

ㄷ. 함수 $g(x)$가 닫힌구간 $[-1, 1]$에서 감소하고 $g(-1)=-2$이면 함수 $h(x)$는 실수 전체의 집합에서 최솟값을 갖는다.

① ㄱ　② ㄴ　③ ㄱ, ㄴ　④ ㄱ, ㄷ　⑤ ㄴ, ㄷ

ChatGPT의 해답과 풀이

ㄱ. h(1)=3가 옳은 것입니다.

함수 h(x)는 x=1일 때 g(x+1)=g(2)와 g(x+t)=g(2+t)의 곱을 구한 것입니다. 즉, h(1)=g(2)×g(2+t)입니다.

그런데, t가 0보다 큰 실수이므로 g(2+t)=f(2+t)가 됩니다.

따라서 h(1)=g(2)×f(2+t)입니다.

함수 g(x)가 -1≤x≤1일 때 f(x)를 취하기 때문에 h(1)=g(2)×f(2+t)=f(2)×f(2+t)입니다. f(2)가 3이므로 h(1)=3이 됩니다.

ㄴ. 함수 h(x)는 실수 전체의 집합에서 연속이 아닙니다.

함수 h(x)는 x=1일 때 값을 갖지만, x<-1이거나 x>1일 때는 값이 존재하지 않습니다. 따라서, x=1 이외의 실수에서는 값이 없으므로 연속이 아닙니다.

ㄷ. 함수 $g(x)$가 닫힌구간 $[-1, 1]$에서 감소하고 $g(-1)=-2$일 수도 있지만, $h(x)$가 실수 전체의 집합에서 최솟값을 갖지는 않습니다.

위 문제는 2023년도 수능 수학 과목의 킬러문항으로 알려진 14번 문제입니다. 객관식 문제임에도 불구하고 오답률이 87%에 달해 원성을 산 바 있습니다. ChatGPT는 이런 어려운 문제도 2초 만에 풀었습니다.

AI 입장에서 수능 문제는 너무 쉬운 수준인 것 같습니다. 바둑을 두거나 수술을 집도하는 것보다야 글에 적힌 정보를 읽고 이해하여 답을 고르는 게 더 쉽겠지요. 한편으로 수능 같은 시험에서 AI를 이길 수 없다는 사실이 증명된 것 같아 조금 허탈합니다. 저 역시 고등학교 시절 좋은 등급을 받고 싶어 잠을 줄이며 노력했던 적이 있거든요. 이런 노력이 이제는 인공지능에게 몇 초 만에 따라잡힌다고 생각하니 허무하기도 하고 두렵기도 합니다.

AI를 사용해 수능을 공략한다면

비관에 빠져 있기만 해서는 앞으로 나아갈 수 없지요. 인공지능이 수능 문제를 잘 푼다는 사실은 알았습니다. 생각해 보면 그 말은 즉, 인공지능을 수능 공부에 활용할 수 있다는 소리이기도 합니다.

알파고의 등장 이후 프로 바둑 기사들은 인공지능과 바둑을 두며 AI의 바둑 스타일을 공부한다고 합니다. 마찬가지로 학생들도 수능을 학습한 인공지능의 스타일을 모방해 공부하면 높은 점수를 받을지도 모릅니다.

여기까지 생각이 미치자 도저히 가만히 있을 수 없었습니다. 그리하여 저는 수능을 공략하는 AI를 만들어 보기로 결심했습니다. 교사 친구와 학원 강사 친구를 집으로 불러 이 원대한 포부를 공유했죠. 두 명의 교육 전문가들도 이 프로젝트에 흥미를 느꼈고 우리는 팀을 결성했습니다.

애초에 인간이 이기기 힘든 구조였다

우선 수능 과목 중 영어를 선택했습니다. 문과생과 이과생 모두에게 스트레스를 안겨 주며 절대평가로 등급이 매겨지는 과목이기에 공략 대상으로 삼았습니다. 우리는 인공지능을 만들기 위해 제일 먼저 역대 수능과 평가원 모의고사 기출문제를 모두 모아 분석을 진행했습니다.

빅데이터 분석 결과 무척이나 재미있는 결론에 도달했습니다. 수능 영어를 완벽히 공략하여 100점을 맞는 데 필요한 영단어는 1,300개가 채 되지 않았습니다. 대한민국의 일반적인 사교육 업체가 중학생들에게 2,500개에서 4,000개의 단어를 암기하게 시키는 것에 비하면 훨씬 적은 숫자입니다. 시중에서 판매 중인 수능 영단어 책에는 적게는 3,000개, 많게는 5,000개가량의 단어들이 수록되어 있습니다. 학생들은 그 책 한 권을 수능 시험 전날까지 달달 외고 있고요.

학생들은 시험에 어떤 단어가 나올지 몰라 수천 개의 단어를 외워야만 하는데, AI는 '다음 수능에 나올 가능성이 높은 단어들'만 따로 목록으로 뽑은 다음, 상위 1,300개 정도만 학습해도 수능을 공략할 수 있습니다. 이미 효율 측면에서 승부가 끝났습니다. 여기까지 분석한 뒤, 저는 최소한 영어 과목에서 인간이 AI를 이길 가능성은 없겠다는 결론을 내렸습니다.

AI가 수능 영단어에 접근하는 방식

여러분은 영단어를 어떻게 공부하시나요? 책을 펼치고 맨 처음부터 하나씩 단어를 암기하시나요? 아마 대부분의 학생들이 그렇게 공부하고 있을 것입니다. 논리를 중요시하는 학생들은 여기에 추가로 접두사와 어근, 어미를 분석하며 단어 학습의 효율을 높이고 있을 것이고요.

그런데 제가 만든 AI는 조금 다른 방식으로 수능 영단어에 접근합니다. 이 AI는 먼저 단어를 네 개의 유형으로 구분합니다. 이제 그래프를 함께 살펴보겠습니다. 분홍색 그래프는 수능에서의 출제 빈도 변화이고 녹색 그래프는 평가원 모의고사에서의 출제 빈도 변화입니다.

우리 학생들은 단어장에 기재된 단어의 스펠링과 의미만을 살펴봅니다. 그런데 빅데이터 분석 결과, 수능에 출제된 단어들은 총 네 종류로 구분할 수 있었습니다. 아래 그래프만 살펴봐도 어떤 단어가 중요하고 어떤 단어가 덜 중요한지 한눈에 보이죠?

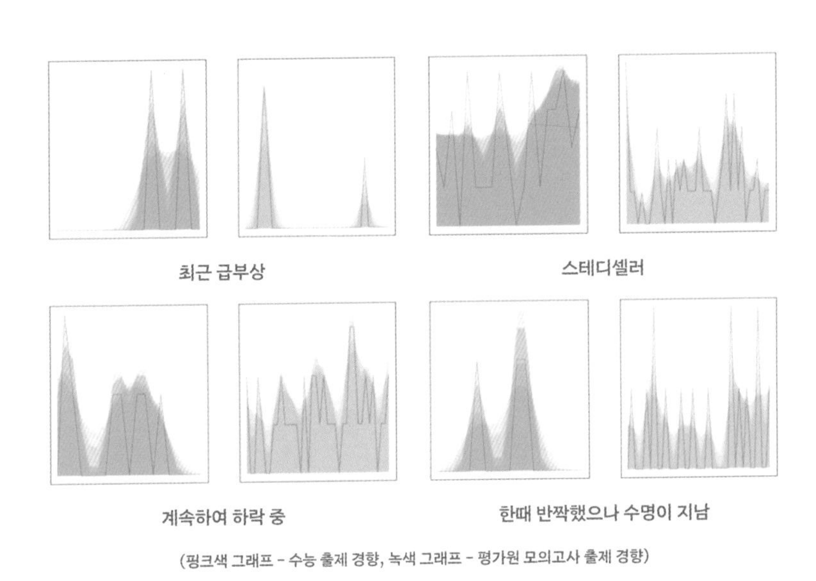

(핑크색 그래프 - 수능 출제 경향, 녹색 그래프 - 평가원 모의고사 출제 경향)

여기에 조금 복잡한 통계적 기법을 더하면 AI는 이번 수능에 출제될 영단어를 예측할 수 있습니다. 이전의 수능 데이터를 학습시킨 다음 2021년 11월에 치러진 수능에 출제될 영단어를 예측하도록 AI에게 지시했더니, AI가 예측한 단어들 중 98% 이상이 실제로 수능에 등장했습니다.

또한 AI는 수능 출제위원회와 평가원이 선호하는 단어의 유형이 확연하게 달라 평가원 모의고사에 나오는 영단어를 열심히 공부하는 것이 수능 성적 향상에 크게 도움이 되지 않는다고 판단했습니다. 실제로 우리 눈으로 보기에도 분홍 그래프와 녹색 그래프의 모양이 꽤나 다르지요? 이 부분에서 인간 교사와 인공지능의 판단에 가장 큰 차이가 있었습니다. 선생님들은 AI가 수능에 많이 출제될 것으로 예측한 단어들이 너무 쉬워 학습할 가치가 낮다고 판단했지만, 막상 선생님들이 추천한 단어들은 수능에 거의 출제되지 않거나 평가원에서만 간헐적으로 출제되는 경우가 많았습니다.

수능 출제위원이 학생들을 평가하기 위해 고민한 기준과 학교 선생님들이 중요하게 생각하는 기준 사이에 간극이 있었다는 사실을 알았습니다. 따라서 공교육 선생님들의 관점만 따를 경우, 평가원 모의고사는 잘 칠 수도 있겠으나 수능에는 크게 도움이 되지 않을 수도 있다는 생각을 하게 됐습니다.

결론적으로 역대 기출 경향을 토대로 AI를 활용하여 올해 수능에 나올 만한 단어를 확실하게 암기하고, 평가원 모의고사는 단어 암기의 용도보다는 기본적인 영어 실력을 평가하는 도구로 활용할 때 가장 효율적으로 수능을 정복할 수 있다고 생각할 수 있겠습니다.

사교육 열풍만으로도 이렇게 정부가 난리인데

정부는 사교육 의존도를 낮춰야 한다며 매년 새로운 정책을 쏟아내고 있습니다. 사교육의 비중이 커질수록 사회의 긴장이 유발되고, 기회의 균등이라는 윤리적 가치가 위협받을 수 있다는 의미입니다.

그런데 만약 사교육계에 '더한 것'이 나타난다면 어떤 일이 발생할까요? 예를 들어 수능을 공략할 수 있는 AI가 보급된다면 말입니다. 잠시 눈을 감고 최악의 사태를 상상해 봅시다. 아직 일어난 일은 아니지만 이익집단인 학원이 이윤 추구를 하는 과정에서 충분히 현실이 될 수도 있는 시나리오입니다.

일부 대형 학원에서 수능 공략 AI를 개발하여 보급합니다. 맨 먼저 AI를 개발할 역량이 안 되는 학원들이 위기를 맞을 겁니다. 그리고 학교는 엔지니어를 채용해 AI를 연구할 가능성이 낮으므로 공교육은 트렌드에서 뒤처지겠죠. 수능에서 좋은 점수를 받으려면 어떻게든 좋은 AI를 보유한 학원의 강의를 들어야만 할 것입니다.

그쯤 되면 수능 출제위원회에서는 AI 위주 학원들의 수업 자료를 참고하여, 그와 전혀 다른 유형의 문제를 출제하는 것으로 AI를 무력화하려 할 것 같습니다. 그 와중에 대규모 사교육 업체에서는 억대 연봉을 주며 AI 엔지니어들을 확보하여 수능 출제위원회가 설계할 함정까지도 모두 예측할 것이고요. 그리고 그 과정에서 최신 AI를 사용하지 않고 기존의 학습 자료를 활용하는 공교육은 더더욱 수능의 경향성과 멀어질 것입니다.

결과적으로 AI에 가장 많은 자본을 투입할 수 있는 학원만 살아남아, 그 학원의 수업을 들은 사람들은 남들보다 훨씬 적은 노력으로 수능을 공략할 수 있게 될 것 같습니다.

여러분의 생각은 어떠신가요? 이런 일이 실제로 일어난다면 어떻게 될까요?

그런 AI가 무료라면

그런데 말이죠. 만약 학원에 소속되지 않은 연구자가 수능 공략 AI를 제작한 다음, 그 소스 코드를 전 세계에 무료로 공개하고 누구든지 사용할 수 있도록 한다면 어떻게 될까요?

AI를 사용하지 않는 사람들이 수능에서 불이익을 볼 거라는 사실이 바뀌지는 않겠지만, 학생들 누구나 AI의 도움을 받을 수 있을 것입니다. 오히려 수업의 질이나 강사의 실력과 크게 상관없이 누구든지 수능을 정복하는 데 필요한 최적의 지식을 최선의 효율로 습득하게 되지 않을까요?

결과적으로 누가 조금이라도 더 효율적이고 영리하게 AI를 활용할 것인지가 수능 등급이라는 결과로 나타나게 될 것입니다. 이러면 수능 시험은 마치 IQ 테스트처럼 사교육이 효과를 전혀 발휘하지 못하는 시험으로 탈바꿈될 수도 있을 것 같은데 말입니다.

하지만 수능 공략 인공지능이라는 보물 보따리를 누가 무료로 내어 놓을까요? 큰돈을 벌 기회인데 말이죠. 그런데 그걸 제가 했습니다. 저는 시골에서 자랐고, 항상 사교육 중심가인 강남구 대치동 학생들을 부러워하면서 수능을 준비했었거든요. 그래서 공교육이 무너지고 대형 학원만 살아남는 시나리오가 만족스럽지 않습니다.

수능 영어를 공략하는 AI의 소스 코드는 현재 저의 깃허브GitHub(개발자들이 이용하는 플랫폼)를 통해 전 세계에 무료로 배부되고 있습니다. 파이썬Python이라는 프로그래밍 언어를 할 줄 아는 학생이라면 누구든지 AI를 컴퓨터에 설치하여 실행해 볼 수 있습니다.

2022년 연말에는 무료 앱도 만들어 공개했습니다. AI가 이번 수능에 나올 것 같다고 예측한 단어 1,300개를 대상으로 여러 가지 유형의 단어 퀴즈를 풀어 볼 수 있고, 사용자가 취약한 유형을 따로 알아낼 수 있습니다.

4차 산업혁명 시대, 수험생의 역량이란

아직은 먼 이야기입니다만 제가 스타트라인을 끊으면 많은 엔지니어들이 수능 관련 AI를 앞다투어 무료로 공개할 것입니다. 개발자들은 오픈소스 정신으로 무장한 사람들이고, 남들보다 더 뛰어난 소프트웨어를 먼저 만들어 공개하는 것에서 큰 성취감을 느끼니까요. 스마트폰이 전국에 보급되는 것을 막을 수 없었듯이, 아마 수능 공략 AI의 전국적 보급 역시 막을 수 없는 거대한 흐름이 될 것입니다.

그때가 되면 단순 암기나 풀이 기법을 반복 훈련해서 푸는 문제들은 더 뛰어난 인재를 가려내는 기준이 되지 못할 겁니다. 좋든 싫든 수능 시험이라는 견고한 제도 또한 4차 산업혁명의 물결에 전면으로 부딪힐 것이고, 그 형태를 바꿀 수밖에 없을 것입니다.

그때가 되면 대학 입시에서도 논리와 인지 능력, 그리고 사고력이라는 인간 본연의 인지 능력이 보다 중요한 가치로 떠오르며 사교육 시스템이 무너지지 않을까요? AI 시대의 수험생은 어떤 방식으로 미래를 위한 노력을 쌓아 올리게 될까요?

저자가 만든 수능 영단어 앱

인공지능 공부는 어떻게 해야 할까?

인공지능 기술의 중요성은 다들 알고 있지만, 인공지능에 대해 공부하는 법을 정석으로 알려 주는 사람은 많지 않습니다. 사실 아직까지는 학교 선생님들도 어려워하는 문제이기 때문인데요. 현재 사범대학교 정보교육과의 필수 커리큘럼에는 딥러닝이나 최신 인공지능과 관련된 과목이 전혀 포함되어 있지 않습니다. 임용고시에 딥러닝 문제가 출제되지 않기 때문입니다. 그래서 이번에는 여러분이 당장 실천해 볼 수 있는 인공지능 공부 순서를 간단히 소개하겠습니다.

1단계. 인공지능 체험해 보기

먼저 ChatGPT, You Only Look Once(https://needleworm.github.io/yolo/), 혹은 Dream.AI와 같이 일반인도 사용할 수 있는 인공지능 서비스들을 체험해 보길 바랍니다. 인공지능이 대단하다는 말을 아무리 많이 듣는다 해도 직접 체험해 보기 전엔 알 수 없습니다. 여러분들이 접할 수 있는 AI는 대부분 출시된 지 수년이 지난 기술입니다. 과거의 기술도 이럴진대 앞으로의 기술은 어떤 모습일지 상상해 보는 것도 좋겠습니다.

2단계. 인공지능 제작해 보기

인공지능을 직접 제작해 보는 것 역시 좋은 접근입니다. 요즘은 파이썬 코딩부터 인공지능을 코딩하는 과정까지 체계적으로 알려 주는 무료 강좌가 많이 개설되어 있습니다. 저 역시 그런 강의를 제작해 본 적이 있고요. 이런 강의를 하나 붙잡고 하루 20분 정도씩 꾸준히 실습한다면 몇 달 뒤에는 간단한 인공지능 정도는 직접 제작할 수 있게 됩니다.

3단계. 인공지능의 원리 탐구하기

여기서부터는 튼튼한 수학적 지식이 필요합니다. 앞서 말했듯 인공지능은 베이즈 확률 계산기라고 볼 수 있습니다. 그래서 인공지능의 원리를 제대로 이해하려면 통계학과 미적분에 대한 깊은 이해가 필요합니다. 현대의 인공지능은 통계적 데이터를 기반으로 미적분을 계산하여 확률을 구하는 도구거든요.

따라서 1단계와 2단계를 모두 마쳤다면 고등학교 수준의 미적분과 통계 공부를 열심히 해서 이론적 토대를 튼튼히 하길 바랍니다. 또한 2단계에서 직접 만들어 본 적 있는 인공지능의 원리를 조금씩 공부해 보는 것도 추천합니다.

3부

오래된 질서를 뒤집는 기술

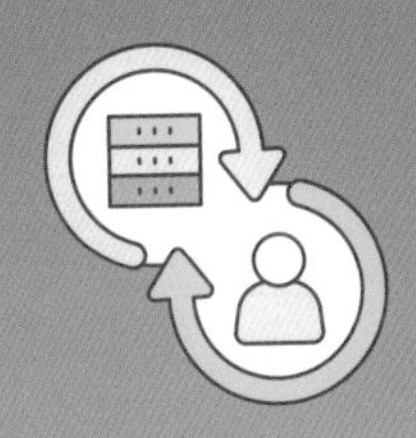

4차 산업혁명의 물결은 IT 분야에만 국한되지 않습니다. 3부에서는 과학자들이 어떻게 생명체의 정보를 분석하고 해체하여 새로운 발견을 해내고 있는지 살펴보고, 생명체를 해킹하여 마음대로 조작하는 생명공학 기술의 현재를 엿봅니다. 그리고 더 나아가, 가장 오래된 산업 중 하나인 농업 분야는 어떻게 특이점으로 다가가고 있는지도 살펴봅시다.

생명체를 해킹하다

[유전자 변형]

생명체의 작동 원리

동물과 식물의 형질이 자식에게 유전된다는 사실이 밝혀진 이후 과학자들은 그 원리를 밝혀내기 위해 노력했습니다. 처음에는 다양한 정보를 저장할 수 있으며 세포 내에서 다량으로 발견되는 물질인 단백질이 유전 정보를 저장할 것으로 추측되었으나, 후속 연구들을 통해 세포핵에서 발견되는 산성 물질인 핵산nucleic acid이 그 역할을 한다는 사실이 밝혀졌습니다.

많은 연구 끝에 핵산 중에서도 디옥시리보오스deoxyribose를 기본 뼈대로 하는 DNA(디옥시리보핵산)가 유전자의 정보를 암호화해 보관한다는 사실이 밝혀졌으며, 방사선 회절 기법을 통해 그 물리적 구조가 이중나선 형태라는 사실까지 밝혀졌습니다.

DNA는 아데닌adenine, 티민thymine, 구아닌guanine, 그리고 시토신cytosine이라는 네 가지 종류의 염기가 사슬처럼 연결되어 있는 구조물입니다. 이 네 가지의 염기를 편의상 A, T, G, C로 줄여서 표기합니다. 따라서 복잡해 보이는 유전 정보와 생명의 비밀은 고작 알파벳 네 개의 조합으로도 표현이 가능합니다.

DNA가 하는 역할은 두 가지입니다. 유전 정보를 저장해 두는 것과, 이를 토대로 단백질의 설계도를 제공하는 것입니다. 세포는 DNA로부터 설계도를 뽑아내 단백질을 합성합니다.

어떤 세포가 어떤 시점에 어떤 종류의 단백질을 얼마나 많이 만들어 내는가, 이것이 생명체가 동작하는 원리의 전부입니다. 여러분과 부모님의 외모가 비슷한 것 역시 부모님께 물려받은 DNA를 설계도 삼아 신체 곳곳의 세포들이 비슷한 단백질을 생성해 냈기 때문입니다.

생명체를 해킹할 수 있을까?

생물학자의 관점에서 생명체란 DNA를 담아 두는 그릇이며, DNA

를 복제하기 위해 작동하는 기계와도 같습니다. 로봇공학자들이 로봇을 바라보는 관점과 크게 다르지 않지요. 로봇의 기계적 구조는 인간의 신체에 해당하며, 로봇을 작동시키는 소프트웨어는 인간의 DNA와 같습니다.

그런데 소프트웨어로 작동하는 로봇은 누군가 해킹을 할 수 있습니다. 마음대로 로봇의 소프트웨어를 수정해서 로봇의 행동을 조작할 수 있다는 뜻이지요. 그렇다면 인간의 소프트웨어에 해당하는 DNA를 해킹하는 일도 상상해 볼 수 있지 않을까요? 그게 가능하다면 인간의 작동 방식도 마음대로 수정할 수 있을지 모릅니다.

결론부터 말씀드리자면 생명체를 해킹하는 것은 어렵지 않습니다. 대장균과 같은 원핵생물은 '플라스미드'라고 부르는 DNA 조각을 외부에서 집어넣어 주기만 해도 해킹이 가능해집니다. 마치 컴퓨터에 USB를 삽입하여 해킹하듯 말입니다. 예를 들면 인슐린의 설계도가 들어 있는 플라스미드를 대장균에 집어넣으면, 대장균이 인슐린을 열심히 생산하기 시작합니다. 해킹을 당해서 인슐린 생산체가 되어 버리는 것입니다.

그러면 고등 생명체는 어떨까요? '유전자 가위'라는 별명으로도 알려진 크리스퍼 캐스 나인CRISPR-Cas9 기법을 활용하여 생명체의 DNA를 수정하거나 편집할 수 있습니다. 이 기법은 세균에서 발견된 관여 염기서열인 '크리스퍼'와 염기 서열 절단 단백질이라고 할 수 있는 '캐스 나인'을 동시에 사용해 유전자 가위로 활용하는 기술이죠. 쥐와 같은 포유류 유전자를 유전자 가위로 편집하는 연구는 이미 몇 년 전부터 활발하게 발표되고 있거든요. 예를 들면 회색 쥐의 유전자를 해킹하여 흰색 털을 가진 새끼를 낳도록 만드는 연구가 많은 주목을 받았죠.

아예 다른 생명체로 만들 수도 있을까?

한때 아이폰을 해킹해서 안드로이드 운영체제를 설치하거나, 스마트폰을 해킹해서 윈도우 10을 설치하는 등의 해킹 사례가 주목을 받은 적이 있습니다. 겉모습과 속 내용이 완전히 다른 제품으로 만들어 버린 사례인데요, 그렇다면 생명체를 해킹하여 아예 다른 생명체로 만드는 것도 가능할까요?

이 또한 가능합니다. 이런 기법을 세포 리프로그래밍cell reprogramming이라고 부릅니다. 가장 대표적인 리프로그래밍 사례로 역분화 줄기세포iPSC가 있습니다. 세포에 특정 유전자 네 개를 집어넣었더니 그 세포가 줄기세포로 바뀐 사례입니다.

예를 들어 설명해 보겠습니다. A라는 세포와 B라는 세포의 유전자 발현 패턴은 서로 다르게 마련입니다. 이것을 인위적으로 동일하게 만들 수 있습니다. A의 유전자 발현 패턴을 조절할 때 B의 패턴에 똑같이 맞추는 것입니다. B에서 적게 발현되는 유전자들은 적게, 많이 발현되는 유전자는 많게 바꾸는 해킹이라 볼 수 있죠. 이때 유전자 전체를 제어하는 것은 비효율적이므로 전사 인자transcription factor라고 부르는 유전자를 해킹하는 경우가 많습니다. 전사 인자는 다른 유전자의 발현량을 제어해 주는 유전자이므로 이 유전자 하나만 건드려도 수많은 유전자들의 발현량을 변화시킬 수 있거든요.

결과적으로 A라는 세포를 해킹해 B 혹은 C라는 세포로 완전히 변화시킬 수 있게 됐습니다. 리프로그래밍 기술은 2015년 무렵 급격하게 발전했습니다. MIT에서 시뮬레이션을 통해 인간을 구성하는 세포를 리프로그래밍하는 데 필요한 유전자의 개수와 종류를 예측하는 기술을 발표한 이후로 말이죠. 피부 세포를 해킹하여 심장 세포로 바꾸거나, 근육 세포를 해킹하여 장기를 구성하는 세포로 바꾸는 기술이 불가능하지 않다는 이야기입니다.

유전자의 설계도를 훼손하지 않는 해킹

앞서 살펴본 생명 해킹 기법들은 생명체의 설계도에 해당하는 유전자를 훼손하게 됩니다. 혹시 유전자의 원래 정보를 훼손하지 않으면서 생명체를 해킹하는 것도 가능할까요?

가능합니다. 심지어 지금까지 알려진 어떤 방법보다도 간편합니다. 인간과 같은 고등 생물도 주사 한 대만 맞으면 해킹이 되거든요. 아마 이 책을 읽는 여러분도 대부분 두세 차례 경험해 봤을 것입니다.

2021년 가장 뜨거운 키워드였던 코로나19 백신이 바로 인간을 해킹하는 주사제입니다. 말하자면 인간의 전신 세포를 해킹하여 '코로나19 바이러스의 조각처럼 생긴 물질'을 생산하도록 유도하는 것이지요. 백혈구들이 이 물질을 접하고 깜짝 놀라 면역 시스템을 구축하게 되고, 이 시스템이 실제 코로나19 바이러스가 체내에 침투했을 때 적극적으로 공격하는 원리입니다.

고작 한 모금도 안 되는 분량의 액체를 체내에 집어넣는 것으로 사람조차 해킹할 수 있다는 사실이 밝혀져 전 세계의 생명과학자들을 흥분시켰지요. 거의 상상 속에서만 존재하던 개념을 테스트해 봤더니 실제로 작동한 셈이거든요. 심지어는 이 기술을 개발한 두 명의 과학자에게 2023년 노벨 생리의학상이 수여되기도 했습니다.

이 해킹 기법의 원리는 외부에서 단백질의 설계도에 해당하는 DNA나 RNA(세포가 DNA를 토대로 복사해 낸 설계도의 복제본)를 체내에 주입하는 것입니다. 그러면 인간의 세포가 외부에서 넣어 준 설계도를 토대로 단백질을 생산하기 시작합니다. 개념 자체는 앞서 설명한 플라스미드를 대장균에 집어넣는 것과 유사합니다. 어쩌면 당뇨병 환자의 유전자를 해킹하여 인슐린의 설계도를 넣어 주는 등 질병의 직접적인 치료에도 사용할 수 있을지 기대를 사고 있습니다.

우리는 이걸 생명공학이라고 부르기로 했어요

편의상 해킹이라는 용어를 사용했습니다만, 정확히 말해 이 기술은 생명공학의 하위 분야인 '유전공학'에 해당한다고 볼 수 있습니다. 생명공학은 생명과학 지식을 활용하여 산업적인 가치를 창출하는 학문인데요. 현재 대부분의 생명공학 분야에서는 유전자를 제어하여 세포의 작동 방식을 조절하는 형태로 연구를 진행하고 있습니다.

그중 '시스템 생물학'이라 불리는 분야는 특히 더 재밌습니다. 복잡한 생명체의 작동 원리를 속속들이 분석하여 제어하는 것을 목표로 하는 학문입니다. 정상 세포를 암세포로 바꾸거나, 반대로 암세포를 정상 세포로 바꾸는 것은 물론 노화가 진행된 세포를 다시 젊은 세포로 만드는 것도 가능한 분야입니다.

다시 젊어질 수 있다니, 낭만적인 이야기죠? 레이 커즈와일은 "2045년이 되면 인류는 더 이상 죽지 않을 것"이라고 단언했습니다. 단일 세포의 노화까지 되돌리는 기술이 가능해진 마당에, 인간이라는 거대한 개체의 노화를 되돌리거나 멈추는 기술이 언제까지고 꿈속 이야기일 거라는 생각은 들지 않네요.

진화하는 생명공학 기술,
빈부격차가 신분 격차로

인간이 더 이상 늙지도 죽지도 않을 수 있게 된다면 어떨까요? 아마 그 기술은 굉장히 비싼 가격으로 소수에게만 제공될 것입니다. 월급을 받아 생활하는 일반인이 평생 동안 저축해도 그 기술의 혜택을 입지 못할 가능성이 큽니다.

담보대출 없이 근로소득만으로 서울에 집을 사려면 240년 동안 저축을 해야 한다지요? 고작 20평짜리 아파트를 구매하는 데도 이만큼의 돈이 필요한데, 죽음으로부터 자유로워지는 기술은 훨씬 더 비쌀 것입니다.

결과적으로 부자들은 늙지도 죽지도 않으며 점점 재산을 불려 나갈 것이고, 대부분의 평범한 사람들은 100세가 되기 전에 죽음을 맞이하겠지요. 부자들이 죽지 않으니 재산의 상속이 일어나지 않고, 상속세라는 형태로 사회가 부자들의 재산을 회수하지도 못하게 될 겁니다. 부의 이동은 점점 줄어들 것입니다.

빈부의 격차가 수명의 격차로 이어지며 사실상의 신분 격차로 이어질 것입니다. "귀족은 푸른 피가 흐른다"라던 중세 시대의 이야기와 달리, 실제로 늙지도 죽지도 않는 특별한 사람들이 등장할 테니 이것이 새로운 신분의 벽이 될 것이라는 예측은 무척이나 합리적입니다.

그러면 국민연금도 걱정입니다. 정부에서는 2055년에 국민연금이

고갈된다고 예측하고 있는데요. 실제로는 훨씬 이른 시기일 수도 있습니다. 전문가들은 지금 자라나는 청소년들이 어른이 되면 매월 수입의 30%가량을 국민연금에 납부해야 할 것이라 내다봅니다. 그런데 윗세대가 늙지도 죽지도 않으면서 계속해서 연금을 탄다면 어떻게 될까요? 어쩌면 인류의 제한된 수명은 좁은 지구에서 모두가 사이좋게 살기 위해 주어진 축복은 아닐까요?

누구나 코로나19 바이러스 유전자 분석을 할 수 있는 세상

[BLAST]

1990년의 게놈 프로젝트,
2023년의 유전체 분석

'게놈 프로젝트'라는 말을 들어봤나요? 인체의 DNA 정보를 구성하는 32억 개의 염기 서열을 분석하는 프로젝트를 말합니다. 인종과 연령, 성별을 섞어 6명의 사람을 정하고 이들의 유전자를 모두 읽어 내는 것을 목표로 했습니다.

게놈 프로젝트는 1990년 부터 13년간 진행되었습니다. 당대의 최신 기법을 활용하더라도 유전자를 분석하는 데에는 무척이나 오랜 시간이 걸렸고, 한 번에 분석할 수 있는 DNA의 부피도 아주 작았거든요. 과학자들이 며칠 밤새 고생해 봐야 몇백 개의 염기를 해독하는 것이 한계였다고 합니다.

비용 또한 어마어마했습니다. 사람 한 명의 유전자를 분석하는 데에 무려 1,100억 원이 필요했습니다. 사람들은 DNA가 생명체의 본질이며 설계도라는 사실을 알았지만, 그 설계도를 열람하는 것이 쉽지 않다는 사실 또한 체감했습니다.

반면 2020년 기준으로 사람 한 명의 유전자를 분석하는 데 들어가는 비용은 10만 원 미만입니다. 30년 사이 비용이 0.0001%로 줄어든 것입니다. 이는 수많은 과학자의 대단한 발견들이 차곡차곡 쌓이며 이루어 낸 진보입니다. 덕분에 현재 유전자 분석은 쉬운 일이 되었으며, 유전자 정보를 바탕으로 한 연구도 어렵지 않게 진행할 수 있습니다.

비용의 장벽이 무너지니 온갖 것들의 유전자를 분석할 수 있게 됐습니다. 과학자들은 주변에서 접할 수 있는 모든 생명체의 유전자를 분석했고, 인류를 위해 유전 정보들을 기록으로 남기기 시작했습니다. 덕분에 NIH(미국 국립보건원)의 데이터베이스에는 온갖 동물, 식물, 세균들의 유전 정보가 빼곡히 기록되어 있습니다.

그러던 중 2019년에 코로나19 팬데믹이 터졌습니다. 과학자들은 당연히 코로나19 바이러스의 유전자를 분석했을 것입니다. 팬데믹 초기에 코로나19 바이러스가 박쥐에서 출발했다, 천산갑을 거쳐 변이가 되었다는 등의 뉴스가 쏟아져 나왔던 것을 기억하나요? 과학자들은 무슨 근거로 코로나19 바이러스가 박쥐 등의 동물로부터 유래되었다고 추측했던 것일까요?

BLAST, 유전자를 비교·분석하는 기술

DNA를 분석하는 데에는 다양한 방법이 있지만 그중에서 가장 널리 사용되는 통계 기법은 BLASTBasic Local Alignment Search Tool입니다. 원리까지 설명하자면 대학원 수준의 지식이 필요하므로 생략하고, BLAST의 주요 기능에 대해서만 살펴보겠습니다.

BLAST는 여러 유전자를 비교하여 일종의 점수를 매깁니다. 이 점수는 단순히 두 개의 유전자가 얼마나 일치하는지를 보여 주는 데서 끝나지 않고, 호몰로지homology라는 정보를 분석하는 근거를 제공합니다.

호몰로지는 '얼마나 가까운 공통 조상을 두고 있는가'를 분석하는 학술 기법이라 생각하시면 되겠습니다. 오른쪽의 가계도를 예시로 들면, A와 B는 A와 C보다 훨씬 가까운 공통 조상을 두고 있습니다.

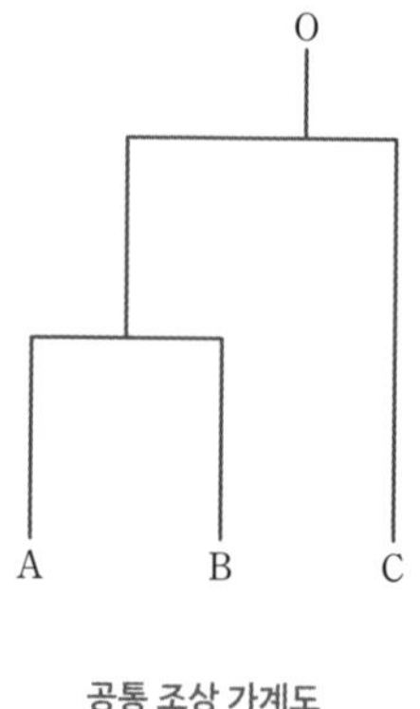

공통 조상 가계도

즉 BLAST를 활용해 유전자를 분석하면 생명체의 진화와 변이 순서 등을 유추할 수 있습니다. 내가 연구하고 싶은 DNA와 공통된 조상으로부터 분화한 유전자들을 한꺼번에 찾을 수도 있고요. 이 얼마나 유용한 도구인가요?

NIH의 산하 기관인 NCBI(미국 국립생명공학정보센터)에서는 방대한 유전자 데이터베이스와 이를 토대로 한 BLAST 시스템(https://blast.ncbi.nlm.nih.gov/Blast.cgi)을 무료로 제공하고 있습니다. 이렇게 유용한 도구가 무료이니 전 세계의 생명공학 연구 속도가 점점 빨라질 수밖에요. 아마 생명공학 분야의 4차 산업혁명은 BLAST 때문에 시작되었다고 해도 과언이 아닐 것입니다.

자, 이제 여러분이 생명공학자가 되었다고 생각해 봅시다. 지금부터 코로나19 바이러스의 유전자를 분석하는 과정을 체험해 보겠습니다.

코로나19 바이러스의 유전자 정보

여러분은 코로나19 바이러스를 연구하고 싶어졌습니다. 그러면 유전자 정보를 어디서 구해야 할까요? 과거라면 직접 코로나19 바이러스 샘플을 채취하고 배양한 다음, 바이러스를 갈아서 유전자만 추출해 내야 했을 겁니다. 그리고 여러 기법을 통해 그 유전자를 한 땀 한 땀 해독

한 다음 이어 붙여야 했죠.

그런데 4차 산업혁명 시대에는 조금 다른 방식으로 연구가 진행됩니다. 마치 소프트웨어 분야처럼 생명체의 정보 역시 오픈소스로 공개되어 있거든요. 여러분은 NCBI에 접속하여 즉시 코로나19 바이러스의 유전자 정보(https://www.ncbi.nlm.nih.gov/nuccore/NC_045512)를 찾을 수 있습니다.

```
1 attaaaggtt tataccttcc caggtaacaa accaaccaac tttcgatctc ttgtagatct
61 gttctctaaa cgaactttaa aatctgtgtg gctgtcactc ggctgcatgc ttagtgcact
121 cacgcagtat aattaataac taattactgt cgttgacagg acacgagtaa ctcgtctatc
181 ttctgcaggc tgcttacggt ttcgtccgtg ttgcagccga tcatcagcac …
```

코로나19 바이러스의 DNA 코드 일부

코로나19 바이러스가 생산할 수 있는 단백질의 종류는?

공개된 코로나19 바이러스의 유전자는 대략 2만 9,900개의 염기 코드로 구성되어 있습니다. 고등학교 생물 시간에 배우는 코돈codon 정보를 활용하여 이 유전자 코드들을 분석하면 코로나19 바이러스의 유전자가 생산해 낼 수 있는 단백질의 종류를 알아낼 수 있습니다.

코돈을 손으로 하나씩 분석하면 몇 달이 걸릴 수도 있지만, 아마 거의 모든 연구실이 자체적으로 만든 자동화 코드를 이용해 분석을 단순화하고 있을 것입니다. "이건 5년 전에 박사 학위를 따고 떠나신 선배님이 만든 코드야" 하고 말이죠.

대학원생이 되면 이렇게 물려받은 코드 한두 개쯤은 흔하게 만날 수 있습니다. 저 역시 선배들의 것을 활용했고, 또 유전자 분석 소프트웨어(https://github.com/needleworm/base_sequence_analysis)를 만들어 후배들에게 물려주기도 했습니다. 이 소프트웨어로 코로나19 바이러스의 전체 유전자를 분석하는 데에는 0.2초면 충분합니다.

```
>Sequence 500
MILLK

>Sequence 501
MLWCKDGHVETFYPKLQSSQAWQPGVAMPNLYKMQRMLLEKCDLQNYGDSATLPKGIMMNVAKYTQLCQY
LNTLTLAVPYNMRVIHFGAGSDKGVAPGTAVLRQWLPTGTLLVDSDLNDFVSDADSTLIGDCATVHTANK
WDLIISDMYDPKTKNVTKENDSKEGFFTYICGFIQQKLALGGSVAIKITEHSWNADLYKLMGHFAWWTAF
VTNVNASSSEAFLIGCNYLGKPREQIDGYVMHANYIFWRNTNPIQLSSYSLFDMSKFPLKLRGTAVMSLK
EGQINDMILSLLSKGRLIIRENNRVVISSDVLVNN

>Sequence 502
MAM

>Sequence 503
MPNLYKMQRMLLEKCDLQNYGDSATLPKGIMMNVAKYTQLCQYLNTLTLAVPYNMRVIHFGAGSDKGVAP
GTAVLRQWLPTGTLLVDSDLNDFVSDADSTLIGDCATVHTANKWDLIISDMYDPKTKNVTKENDSKEGFF
TYICGFIQQKLALGGSVAIKITEHSWNADLYKLMGHFAWWTAFVTNVNASSSEAFLIGCNYLGKPREQID
GYVMHANYIFWRNTNPIQLSSYSLFDMSKFPLKLRGTAVMSLKEGQINDMILSLLSKGRLIIRENNRVVI
SSDVLVNN

>Sequence 504
MQRMLLEKCDLQNYGDSATLPKGIMMNVAKYTQLCQYLNTLTLAVPYNMRVIHFGAGSDKGVAPGTAVLR
QWLPTGTLLVDSDLNDFVSDADSTLIGDCATVHTANKWDLIISDMYDPKTKNVTKENDSKEGFFTYICGF
IQQKLALGGSVAIKITEHSWNADLYKLMGHFAWWTAFVTNVNASSSEAFLIGCNYLGKPREQIDGYVMHA
```

유전자 분석 소프트웨어의 분석 결과

위 사진은 분석 결과 중 일부입니다. 각각의 알파벳은 아미노산 한 개를 의미합니다. 코로나19 바이러스의 DNA에서는 총 636가지의 번역 가능한 단백질 설계도가 발견됩니다. 여기까지 왔으면 연구가 상당 부분 완성된 셈입니다.

단백질을 BLAST!

수백 가지 단백질 중에서 하나를 골라 BLAST를 수행하면, 그 단백질이 어떤 공통 조상으로부터 유래했는지 알 수 있습니다. 이렇게 단백질을 하나씩 분석하다 보면 재미있는 연구 결과가 나오게 마련입니다. 예시를 들어 보겠습니다.

```
>Sequence 629
MWLSYFIASFRLFARTRSMWSFNPETNILLNVPLHGTILTRPLLESELVI
GAVILRGHLRIAGHHLGRCDIKDLPKEITVATSRTLSYYKLGASQRVAGD
SGFAAYSRYRIGNYKLNTDHSSSSDNIALLVQ
```

코로나19 바이러스 DNA로부터 만들어질 수 있는 단백질 코드 중 일부

위 단백질을 BLAST에 넣고 분석할 경우 다음과 같은 결과가 나옵니다.

> nonstructural protein NS3 [Bat coronavirus RaTG13]

(E-value: 97.79%)

> membrane protein [Pangolin coronavirus]

(E-value: 99.24%)

이 결과를 한국말로 번역해 볼게요. 아주 정확한 해석은 아니지만 대학원 수준의 지식 없이 이해할 수 있도록 써 보겠습니다.

"입력하신 단백질이 박쥐bat 코로나 바이러스 RaTG13의 NS3 단백질과 공통 조상으로부터 분화했을 가능성은 97.79%입니다. 천산갑pangolin 코로나 바이러스의 막 단백질과 공통 조상으로부터 분화했을 가능성은 99.24%입니다."

BLAST에 넣고 분석한 단백질 시퀀스 629는 코로나19 바이러스였습니다. 코로나19 바이러스가 박쥐나 천산갑 코로나 바이러스로부터 변이되었을 가능성이 매우 높다고 판정된 것입니다. 뉴스에 나온 내용과 너무 똑같죠? BLAST 결과에서는 이외에도 인간이나 사향 고양이 등의 유전자도 등장합니다. 코로나19 바이러스의 유전자 정보를 다운로드하는 순간부터 여기까지 분석하는 데 걸리는 시간은 10분 이내입니다.

4차 산업혁명 시대의 생명공학

BLAST의 기능과 사용 방법만 차근차근 이해한다면 생명공학을 전공하지 않은 사람들도 금방 유전자를 분석할 수 있습니다. 그리고 제가 설명한 부분은 4차 산업혁명 시대의 생명공학 기법 중 극히 일부에 해당합니다.

이외에도 인간의 암세포 유전자를 모조리 분석해 둔 GDC(NIH가 운영하는 서비스, https://portal.gdc.cancer.gov), 생명체 내부에서 일어나는 유전자의 상호작용 정보를 모두 모아 둔 KEGG(일본 교토대학교에서 운영하는 서비스, https://www.genome.jp/kegg) 등이 무료로 공개되어 있습니다. 전 세계의 생명과학자들이 이들을 활용해 연구 속도를 단축하면서 생명의 비밀이 하나씩 해체되고 있는 것입니다.

그런데 이 또한 빅데이터이며, 빅데이터를 분석하는 데는 AI가 일가견이 있습니다. 즉, 인류는 이미 인공지능을 활용해 생명의 비밀을 파헤치는 단계에 접어든 지 오래되었습니다.

AI 기술이 인간의 지성을 뛰어넘게 될 것은 기정사실입니다. 그저 그 시점이 2025년이냐 2030년이냐가 논쟁이 되고 있을 뿐이지요. 특이점 이후에는 AI가 생명의 비밀까지 파헤치기 시작할 것이며, 상상도 못할 만큼 빠른 시간 안에 모든 생명체의 비밀을 알아낼지도 모릅니다.

미래학자들은 그 시점 이후 인간이 죽음과 노화를 극복하여 불로불사를 누릴 것이라 예측합니다. 만약 그 예측이 현실이 된다면 모든 생명의 비밀을 깨달은 AI는 이미 신의 영역에 도달했다고 봐야겠네요.

어쩌면 생명공학 분야의 4차 산업혁명은 우리 손으로 신을 창조하는 여정은 아닐까요?

4차 산업혁명 시대의 농업 자동화

[농산업의 미래]

농업 자동화의 필요성

농업은 육체노동을 기반으로 굴러가는 산업입니다. 게다가 농작물은 휴일이나 주말에도 생명 활동을 이어갑니다. 주말에도 농장에 방문해 물을 줘야 하고, 필요할 때마다 농약이나 비료도 뿌려야 합니다.

그렇기에 농업 분야에 왜 자동화가 적용되어야 하는지 굳이 설명할 필요는 없을 것입니다. 겪어 본 사람은 바로 수긍할 것이고, 겪어 보지 못한 사람도 막연하게나마 이해하고 있으니까요.

농업, 그중에서도 농산물을 경작하는 일은 목축업보다도 오래되었습니다. 과학기술의 태동보다도 그 역사가 깁니다. 그런데 현대 농산업이 운영되는 방식은 고대와 비교해도 그리 크게 바뀌지 않은 듯합니다.

사용하는 도구가 개선되었고, 식물을 식재하고 관리하는 방법에 대한 노하우가 축적되었으며, 경험의 영역에서 과학의 영역으로 지식의 깊이가 깊어졌습니다. 그럼에도 육체노동을 통해 식물을 식재하고, 가꾸고, 수확한다는 큰 틀은 그대로입니다.

덕분에 트랙터나 경운기같이 수십 년 전에 발명된 기계가 아직까지도 논밭 위 현역으로 뛰면서 효자 노릇을 하고 있는 것이고요.

농업 자동화의 범주

물론 인류 역사상 농업 자동화를 향한 수요는 늘 있었고 그래서 꾸준히 발전해 왔습니다. 농업 자동화의 역사를 이해하기에 앞서, 자동화의 범주를 살펴보도록 하겠습니다.

다음 그림은 농학계의 분류는 아니고 그저 농업 자동화 분야에 종사 중인 저의 관점과 경험에 따라 분류해 본 것입니다. 이 분류에서 큰 축을 담당하는 것은 육체노동의 자동화와 정보의 자동화입니다. 육체노동의 자동화는 다시 1세대 자동화와 2세대 자동화로 세분화되며, 정보의 자동화는 3세대 자동화와 4세대 자동화로 나뉩니다.

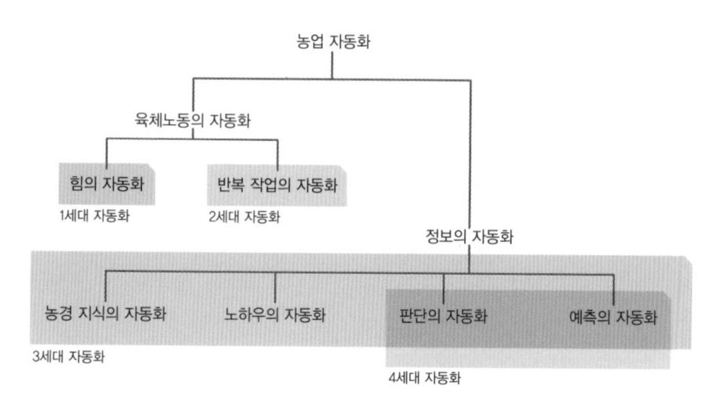

농업 자동화의 범주

1세대 자동화:
힘의 자동화

1세대 자동화는 힘의 자동화입니다. 말 그대로 인간의 근력을 대체하는 자동화 수단 도입을 의미합니다. 인체가 발휘할 수 있는 힘의 세기와 지속 시간에는 명백한 한계가 있습니다. 이를 극복하기 위해 인류의 조상들은 다양한 시도를 했고, 그 흔적들은 우리가 박물관에서 볼 수 있는 유물로 남아 있습니다.

가장 직관적인 힘의 자동화 사례로 소를 이용한 쟁기질, 물레방아를 이용한 곡식 빻기 등을 떠올려 볼 수 있습니다. 현대에 경운기를 활용하여 논을 갈아엎는 행위까지 모두 힘의 자동화에 포함됩니다.

'인간이 직접 손으로 할 수는 있지만 매우 고되기 때문에 외부 수단으로 대체하는 것'이라고 풀어 설명할 수 있겠죠. 아주 긴 역사를 가진 행위입니다. 좀 더 넓게 생각해 볼까요? 청동기 시대의 반달돌칼은 인간의 약한 신체를 극복해 뭔가를 자르려고 만든 도구였고, 요즘 시대에 유통되는 대부분의 농기계들 역시 고된 작업으로 인한 신체의 피로를 극복하기 위한 수단입니다.

저는 이러한 힘의 자동화를 1세대 자동화로 분류합니다. 1세대 자동화 수단의 도입을 통해 사람들은 육체가 느끼는 피로를 훨씬 경감하면서도 더 많은 식량을 생산할 수 있게 되었습니다.

농업 종사자 인구가 대부분 고령이다 보니 현재 1세대 자동화 기기는 거의 대부분의 농가를 먹여 살리는 밥줄이나 다름없습니다. 시골에서는 경운기를 타고 국도를 질주하는 어르신들을 쉽게 만나 볼 수 있습니다. 허리가 구부정한 할머니들이 백발을 휘날리며 트랙터를 조작하는 모습 또한 별로 신기한 광경이 아니고요. 1세대 자동화는 이렇듯 주로 '농기계'라고 불리는 장치로 구현되는 경우가 많습니다.

2세대 자동화:
반복 작업의 자동화

여기서부터는 기계공학이 중요해집니다. 때가 되면 물을 뿌려 주는 스프링클러, 한 번에 수십 개의 씨앗을 심게 해 주는 파종기, 자동으로 마늘을 까 주는 기계 등이 이 범주에 속합니다. 요즘 농업박람회에서 가장 많이 전시되는 신제품 품목이기도 합니다.

2세대 자동화 기기는 번거로운 일을 대신해 줍니다. 과거에는 하나하나 직접 해 온 일을 빠르고 쉽게 처리할 수 있도록 도와줍니다. 그래서 2세대 자동화의 특징은 시간을 크게 절약해 준다는 것입니다. 특히 버튼만 누르면 저절로 작업이 진행되는 기계는 거의 혁신의 영역에 닿아 있습니다.

마늘 까는 기계를 예시로 들어 보겠습니다. 과거에는 사람이 칼을 이용해 마늘을 하나씩 하나씩 벗겨 내야 했습니다. 흙을 털어 내는 것부터 시작해 껍질을 별도의 쓰레기통에 담는 것까지 손 가는 일이 한둘이 아니었지요. 일부 시골 지역에서는 아직도 손으로 마늘을 까고 있으며, 마늘만 까면서 1년에 5,000만 원 이상의 돈을 버는 분들도 계십니다.

이 마늘 까는 공정에 기계를 활용할 경우 작업에 소요되는 시간이 훨씬 줄어듭니다. 기계에 마늘을 채워 넣고 버튼만 누르면 되거든요. 실제 작업 시간이 얼마나 걸리는지도 별로 중요하지 않습니다. 기계가 돌아가는 동안 사람은 다른 일을 하면 되니까요.

결과적으로 2세대 자동화 분야의 제품들은 작업에 소요되는 시간을 크게 줄여 주는 방향으로 발전하고 있습니다. 수요에 따라 각양각색의 제품들이 등장했고 또 잊히기도 했습니다. 양질의 제품들은 무사히 정착했죠. 이러한 기계 장치들을 체계적으로 탑재한 온실을 '스마트팜'이라고 부릅니다.

농산업의 뿌리 깊은 한계

농업 분야의 정보는 접근하기 어렵고 습득 난이도도 높습니다. 농업은 인류의 정착 생활과 함께 시작되었지만 이를 체계적으로 연구하여 지식으로 전달하는 농학의 역사는 농업과는 비교도 할 수 없을 정도로 짧습니다. 심지어 책으로 배울 수 있는 방법론에도 한계가 있습니다. 이를테면 딸기를 재배하는 지식을 글로 배웠다고 하더라도, 이를 현실 세계에 있는 농장에서 구현하는 것은 완전히 다른 문제입니다.

기후와 지역에 따라 방법이 달라져야 한다는 점 또한 중요한 문제입니다. 강원도 철원에서 잘 통하는 재배법을 전라도 익산에서 시도한다면 제대로 굴러가지 않습니다. 그렇기에 농업은 일반적으로 고정된 위치에서 대를 이어 가며 전수되곤 합니다. 지역마다 농가마다, 또는 같은 농가가 보유한 여러 비닐하우스마다 사정이 다르고 환경이 다릅니다. 기후가 다르고 토양이 다르고 일조량이 다릅니다. 농사란 그렇게 통일되지 않은 환경에서 동일한 목표를 향해 달려 나가는 것이죠.

심지어 물의 성분조차 천차만별입니다. 석회질 퇴적 지층에서 채취한 지하수는 콩과 같이 제한된 작물의 재배에만 허락됩니다. 또 어떤 종류의 지하수는 금속 양이온이 많이 녹아 있어 재활용을 하면 할수록 나트륨이 축적되어 작물을 폐사시키는 신기한 현상이 일어나기도 합니다.

그러니 책에서 봤거나 부모님께 배운 지식이 풍부한 사람이라도, 다른 성분의 지하수가 나오는 지역에서 농사를 짓는다면 원인을 알 수 없는 오만가지 문제에 시달리게 됩니다. 물만 해도 이러한데, 흙, 바람, 비는 또 어떨까요? 정신이 아득해집니다. 이것은 마치 작동법이 제각기 다른 수백 종류의 스마트폰에서 단 하나의 문제도 없이 작동하는 앱을 개발하는 것만큼 어려운 일입니다.

농업 종사 인구는 점점 줄어들고 있습니다. 농업에 진출하려는 청년 인구가 단군 이래 최저치를 달성한 현대사회에 농산업의 몰락을 막으려면 각 지역에서 농부들이 쌓아 올린 노하우와 지식을 빠르게 공유할 수 있어야 합니다. 하지만 안타깝게도 국내 농업계는 농작 지식 전달에 대해 매우 폐쇄적입니다.

딸기 스마트팜 개발을 하던 때 농촌진흥청의 딸기 재배 교육을 수강한 적이 있습니다. 수업 중에 어떤 사람이 손을 들고 질문을 했습니다. "제가 어떤 제품을 딸기에 뿌렸는데 잎이 누레지더니 시들었어요. 어떻게 해결해야 할까요?" 그러자 강사가 답했습니다. "일단 어느 제품인지 알아야 답변을 드릴 수 있겠는데요. 그리고 다른 분들도 그 제품 때문에 피해를 보면 안 될 테니, 제품명을 알려 주시겠어요?" 그런데 질문자는 제품명을 알려 주지 않았습니다. 본인에게 절실히 필요할 해결책을 못 듣게 되었는데도 알려 주지 않으려 얼버무리는 모습이었습니다. 본인이 시행착오를 통해 쌓은 정보를 남에게 공유하고 싶지 않다는 것인데, 이는 앞서 얘기한 IT 업계의 오픈소스 정신과는 정반대의 방식입니다. 물론 모든 분들이 이런 생각을 갖고 있지는 않을 겁니다. 폐쇄성은 분야의 발전에 도움이 되지 않는다는 사실을 아는 것이 중요합니다. 그런 태도는 농산업의 후퇴를 불러올 뿐이니까요.

오픈소스 정신으로 무장한 IT 산업에는 후진이 없습니다. 오로지 전진뿐입니다. 한 사람이 쌓아 올린 새로운 지식이 순식간에 전 세계에 공개되기 때문입니다. 불필요한 시행착오가 줄어들어 산업 전체가 성장하는 모습을 우리는 매일 보고 있습니다.

반면 농업은 그렇지 않습니다. 숙련된 농부 한 사람이 세상을 떠나면 그의 지식은 후손이 일부 물려받습니다. 그 후손이 농업에 쭉 종사하더라도 인류가 보유한 노하우의 총량은 줄어들게 됩니다. 만약 그 후손이 농업이 아니라 다른 일을 한다면 노하우는 그대로 소멸하게 되겠죠.

이런 문제를 너무나도 잘 알고 있기에, 농업기술센터 등 정부 산하기관에서는 정보를 전달하는 데에 적극적입니다. 대학교 측에서도 무척이나 적극적이고요. 저도 시들시들해진 채소를 포기째 들고 다짜고짜 방문한 적이 있었습니다. 박사님들은 흔쾌히 반겨 주며 상세한 설명을 해 주었습니다. 그리고 이런 말씀을 남겼습니다. "어르신들은 우리가 아무리 가르쳐 드려도 들으려고 하지 않는 경향이 있어요. 그러고 문제가 생기면 우리 탓을 하시니 맥이 빠지죠. 그런데 젊은이들이 먼저 찾아와서 배우려 하면 얼마나 반가운지 몰라요."

'농업은 실전'입니다. 시행착오를 통해 조금씩 나은 방향으로 나아갈 수는 있겠지만, 한 번 실패를 겪을 때마다 한 해 농사를 망치게 됩니다. 그러면 그간 투입한 돈과 시간이 모두 날아가 버립니다. 농업에 처음 진입하는 사람이라면 빠른 시일 내에 정확한 정보를 습득하는 것이 중요한 이유입니다.

여기까지 현재 우리 농업이 가진 문제점을 짚어 봤습니다. 정보의 자동화가 필요한 이유를 아시겠죠?

정보의 자동화는 다시 네 가지로 분류할 수 있습니다. 농경 지식의 자동화, 노하우의 자동화, 판단의 자동화, 그리고 예측의 자동화입니다. 분류 기준은 기술적 · 산업적 수요입니다. 이 중 농경 지식의 자동화와 노하우의 자동화는 IT 업계가 너무나도 잘할 수 있는 3차 산업혁명 분야의 기술입니다. 그리고 판단과 예측 분야는 이름만 들어도 빅데이터나 인공지능을 적용하기에 좋아 보이지요?

3세대 자동화:
농경 지식과 노하우의 자동화

농경 지식은 학자들이 연구하고 역사적으로 검증된 농업 분야의 지식에 해당합니다. 반면 노하우는 일반론적인 지식이 아니라 특정 지역, 특정 기후, 특정 작물 등 좁은 상황에 적용 가능한 지식을 의미합니다.

예를 들면 '상추의 적정 재배 기온'은 농경 지식에 해당하며, '경상북도 안동시 남후면 광음리의 지하수로 잘 기를 수 있는 작물의 종류'는 노하우에 해당합니다.

농경 지식의 자동화는 농업 분야를 잘 모르더라도 IT 기술만 보유하고 있다면 비교적 용이하게 진입하여 서비스를 구축할 수 있습니다. 이를테면 농촌진흥청에서 운영하는 웹사이트 농사로(https://nongsaro.go.kr)가 좋은 예시입니다. 농사로에서 제공되는 지식은 농업 분야 박사들이 집필했을지언정, 농사로 홈페이지와 서버는 IT 회사가 입찰을 따내 제작했을 것입니다.

농사로는 하나의 포털에서 모든 분야의 농업 지식을 전달하기 위해 만들어진 사이트입니다. 예를 들어 딸기를 검색하면 딸기 재배와 관련된 온갖 정보들을 찾을 수 있습니다. 농업 교과서의 딸기 재배 챕터를 정독하는 것보다 훨씬 다양한 지식을 얻을 수 있지요.

다만 특별한 환경에서만 발생하는 문제에 대한 대처 방법은 찾기 어렵습니다. 이런 정보는 노하우의 영역이다 보니 본인과 비슷한 환경에서 딸기를 재배해 본 농부의 조언을 구하는 것이 훨씬 더 정확한 해결책을 찾을 수 있는 방법입니다.

노하우의 자동화는 누군가의 노하우를 전달해 주는 서비스가 될 수도 있겠지만, 새로이 농산업에 유입된 사람이 별다른 시행착오 없이 바로 농경에 정착할 수 있도록 장벽을 낮추는 역할도 할 수 있습니다.

자, 여러분이 어느 날 갑자기 강원도 삼척시에서 파프리카 농사를 지어야 한다고 생각해 봅시다. 무엇부터 해야 할까요? 삼척시의 기후나

내 경작지의 토질 성분에 맞는 가이드라인을 하나하나 알려 주는 앱이 있다면 얼마나 좋을까요?

이러한 노하우의 자동화는 실제로 구현되기가 무척 힘듭니다. 정보를 공유하지 않으려는 폐쇄성과 더불어 전국 각지에 흩어진 수요자들에게 매번 알맞는 유경험자를 매칭해 주는 것이 너무 어렵거든요. 덕분에 3세대 자동화는 농경 지식의 자동화만 어느 정도 구체화되었으며, 노하우의 자동화는 대중화되지 못한 채 4세대 자동화의 필요성을 부각하는 장치 정도로 역사에 남게 되었습니다.

CEA vs. 자동화 수단 개발

이제 앞으로의 얘기를 해보겠습니다. 전국 방방곡곡에 사는 농부들의 수요를 모두 만족시킬 농작 기술을 제공하기 위해서는 크게 두 가지 시나리오를 생각해 볼 수 있습니다.

하나는 환경 제어 능력이 뛰어난 스마트팜을 제작하여 전국 각지에 항상 균일한 환경을 제공하는 것입니다. 그러면 한 가지 솔루션을 모든 곳에서 사용할 수 있겠지요. 또 하나는 자동화 수단이 엄청나게 똑똑해서 매번 다른 최선의 판단을 내릴 수 있도록 하는 것입니다. 그러면 농작 환경이 어떻든 괜찮겠지요?

2020년 이전 스마트팜 농업 시장에서는 전자를 달성하기 위한 노력이 주를 이뤘습니다. 이를 CEA(정밀제어 농업)라고 부릅니다. 많은 기업들이 CEA 분야의 신제품과 신기술을 개발하기 위해 노력 중이며 시장 규모 또한 점점 성장하고 있습니다.

CEA 시설은 1년 내내 거의 일정한 환경을 제공하고, 설치 위치와 관계없이 내부 환경의 균일성을 보장합니다. 일종의 통일된 판단을 위한 환경이 마련되는 격입니다. 모든 고객이 사용하는 장치가 동일하다면, 회사 입장에서는 한 개의 매뉴얼만 만들어도 모든 고객에게 최선의 경험을 제공할 수 있습니다.

그런데 환경을 정밀하게 통제하는 시설을 구축하려면 먼저 설비 판매가 전제되어야 합니다. 아무리 저렴하게 잡아도 수억 원이 필요할 겁니다. 또 전국 각지에서 항상 일정한 기후를 구현하려면 추운 지방이나 더운 지방에는 냉난방 장치 비용이 크게 증가할 것입니다. 같은 제품을 구매했는데 왜 더 비싼 비용을 치러야 하냐는 클레임도 받을 수 있겠죠. 영업의 난이도가 높아지고 폭이 좁아질 수 있습니다.

그래서 저는 후자인 '엄청나게 똑똑한 자동화 수단'을 개발하는 데 관심이 있습니다. 스마트한 자동화 수단이 어떤 상황에서도 최선의 판단을 내릴 수 있다면 하드웨어의 가격을 큰 폭으로 낮출 수 있습니다. 굳이 비싼 장치를 설치하지 않고 통상적인 냉난방 장치 비용만으로 운영이 가능해집니다. 즉 하드웨어가 감당해야 할 부분을 일정 부분 소프트웨어로 대체할 수 있다는 것입니다. 소프트웨어는 한 번만 만들어 두면 계속 복제할 수 있으므로, 고객이 체감하는 비용이 큰 폭으로 줄어들게 됩니다.

농산업의 4차 산업혁명:
판단과 예측의 자동화

이와 같은 목표를 이루려면 판단과 예측의 자동화가 달성되어야 합니다. 이를 위해 많은 기업에서 인공지능을 적용하고 있습니다. 인공지능 도입의 장점으로는 농작 경험이 부족한 사람도 안전하게 농사를 지을 수 있다는 부분이 있습니다.

단점도 있습니다. 기술적 구동 원리가 너무나도 복잡하여 IT 분야 전공자가 아닌 사람에게 작동 원리를 이해시키는 것이 불가능에 가깝다는 점입니다. 특히나 노년층 농부들에게 설명하려면 듣는 사람도 말하는 사람도 힘들어집니다.

그럼에도 불구하고 가격 측면에서 메리트가 있으며, 앱을 쉽고 직관적으로 만든다면 노년층도 쉽게 사용할 수 있어 시장 수요가 꽤나 빠른 속도로 증가하고 있습니다. 4세대 자동화 솔루션의 영업 전략은 원리를 전혀 이해하지 못한 채로도 편의성만 따져 구매하게 만든다는 점에서 스마트폰이나 컴퓨터 영업과 비슷합니다.

재미있는 점이 하나 있습니다. 판단의 자동화를 위한 인공지능을 학습시키려고 농업 현장에서 생산되는 데이터만 구매하려는 기업도 많이 있다는 점입니다. 기업만 돈을 버는 것이 아니라 농가 역시 기업으로부터 돈을 벌 기회인지 모릅니다.

IT 기술이 깊숙이 파고든 농산업의 오늘

이외에도 온갖 첨단 기술들이 농산업에 적용되고 있습니다. 예를 들어 암호 화폐 기술이 농업에 적용되고 있다는 사실을 아시나요? 농산물 유통이력관리와 생산이력관리 시스템에 블록체인이 활용되고 있습니다. 대표적인 사례로 국내에서 산업용 대마는 식재부터 수확, 폐기까지 모든 이력이 블록체인을 통해 관리된답니다. 또 다른 예로 복잡계를 분석함으로써 단순한 직관으로는 판단하기 어려운 내부의 복잡한 상호작용을 추론하는 기술이 비료에 적용되고 있기도 합니다.

이 장에서 소개한 내용들은 농업 자동화라는 주제의 일부에 불과합니다. 아직까지 일반인이 이해하기에는 지나치게 어렵고 복잡한 기술들이 적극적으로 적용되고 있거든요. 가장 재미있는 점은, 어느새 농업 분야 지식보다는 첨단 IT 지식이 더욱더 큰 지분을 차지하고 있다는 것입니다.

현재 스마트팜 산업은 농산물을 마치 공산품처럼 생산하는 '식물 공장' 분야에 집중하고 있습니다. 식물 공장 업계는 로봇을 활용하며 점점 더 인력의 의존도를 낮추는 방향으로 발전하고 있고요.

우리는 특이점 이후, 인공지능이 첨단 기술로 생산한 다양한 농산물들을 드론으로 배송받아 끼니를 해결하게 될지 모릅니다. 한두 세대만 지나면 농사를 지어 본 사람이 아무도 남지 않게 될 수도 있겠지요. 만약 그 이후 갑자기 인공지능이 식량 생산을 그만둔다면 인류는 끔찍한 식량난을 겪게 될지도 모르겠습니다.

인간이 직접 식량을 생산하는 일을 포기하지 말아야 할지, 만약 그렇다면 모두가 기본소득을 받으며 편안히 사는 세상에서 육체노동에 종사할 사람이 과연 얼마나 있을지 토론해 보는 것도 흥미로울 것 같습니다.

가장 진보한 기술로 가장 오래된 산업을

[복잡계 분석]

식물을 연구하려면 식물을 죽여야 한다

농업은 살아 있는 생명체를 다루는 산업입니다. 생장 중인 식물의 영양 상태도 살펴봐야 하고, 질병이나 벌레의 유무도 꼼꼼하게 확인해야 하지요. 모든 문제 요소를 성공적으로 제거하고 작물을 길러 내는 데 성공하더라도, 적절한 시기에 수확해 상품화하는 과정까지 거쳐야 합니다.

자, 여러분들이 지금까지 읽은 내용을 모두 잊어버렸다 치고 다음

질문에 대답해 봅시다. '우리 집 앞마당에서 자라고 있는 상추의 상태를 어떻게 분석할 수 있을까?'

가장 쉬운 방법은 눈으로 외관을 관찰하는 것입니다. 심각한 질병이나 벌레의 출몰 등은 눈으로 봐도 알 수 있으니 효율적이고 즉각적인 방법이라 할 수 있습니다. 하지만 눈으로 보는 것만으로는 잎사귀의 당도나 수분 함량 등의 정보를 얻을 수는 없습니다.

가장 직접적이고 직관적인 방법은 상추 잎을 따서 먹어 보는 것이겠죠. 아삭! 한 입 베어 무는 순간 느껴지는 쌉싸름하고 상큼한 맛과 함께 상추의 하얀 진액에서 올라오는 풋내까지 만끽했다면 상추의 상태를 진단하는 데 성공한 것입니다. 신선도는 물론이거니와 식감을 통해 엽면 조직의 성숙도와 수분 함량까지 대략적으로 파악할 수 있죠.

그런데 이 방법에는 문제가 있습니다. 입으로 삼킨 부피만큼의 시료(검사에 쓰이는 물질)가 사라진다는 점입니다. 나머지 시료에는 상처도 생겼고요. 입으로 먹어 보며 식물을 진단하는 행위는 식물을 다치게 만듭니다.

연구실에서는 식물 조직을 채취해 즙을 짜거나 갈아서 액체 상태의 시료를 분석합니다. 혹은 식물 일부를 얇게 썰어서 현미경으로 관찰하기도 하고요. 경우에 따라서 톨루엔이나 메탄올 등 유기용매에 녹여서 알칼로이드를 분리 · 추출하기도 합니다. 식물 내부에 전극을 삽입해 뿌리와의 전도도 차이를 분석하는 방법도 있고요. 이런 방법의 공통점 또한 시료를 훼손한다는 것입니다. 더 정밀한 방법일수록 훼손의 정도가 심하며, 결과적으로 분석 대상인 식물체는 생명도 상품성도 잃게 됩니다.

쉽게 말해, 살아 있는 식물의 상태를 정밀하게 관찰하면서도 식물체에 타격을 입히지 않는 건 아주 어려운 일입니다. 식물 내부에서 어떤 일이 일어나는지 알아보기 위해 반으로 갈라 버리면 식물은 죽기 때문입니다.

지금까지 농산업계는 수없이 많은 작물 중 일부를 선택해 싹둑 잘라 버리거나 갈아서 성분을 분석하는 샘플링 방식을 채택해 왔습니다. 샘플로 선택된 작물은 죽겠지만 거기서 나온 값을 전체 작물의 대표값으로 삼으면 다른 작물들은 살려 둘 수 있기 때문입니다. 대를 위해 소를 희생하는 방식이죠.

샘플링 철학 자체의 문제

같은 과수원에서 자란 수천 그루의 사과나무에서 무작위로 스무 개 정도의 사과만 채취하고, 그 사과들의 평균 당도를 구하는 과정을 상상해 보세요. 모든 사과나무로부터 사과를 하나씩 따서 측정하는 것보다 훨씬 효율적입니다.

이처럼 샘플링은 대량의 상품 퀄리티를 적은 비용과 적은 노력으로 빠르게 예상해 볼 수 있는, 무척이나 경제적인 기법입니다. 하지만 샘플링에는 극복할 수 없는 한계가 있습니다. 멸종위기종이나 천연기념물, 혹은 대마 같은 마약성 작물에는 쓰이기 어렵다는 점입니다.

희귀 작물은 개체수가 적기 때문에 일부 개체를 죽여 가며 성분을 분석할 수 없습니다. 어렵사리 구해 온 천연기념물 화초의 뿌리와 줄기 사이에서 일어나는 일을 알아보겠답시고 줄기를 싹둑 잘라 버렸다간 큰일이 납니다. 해당 기관의 연구비도 싹둑 잘려 나갈 테니까요.

마약성 작물의 경우는 법적 규제로 인해 어렵습니다. 대마를 예로 들어 보겠습니다. 대마가 잘 자라고 있는지 확인하기 위해 대마의 잎사귀를 잘라 분석 장비에 넣는 순간 범죄가 됩니다. 대마의 성분 분석을 하려면 식약처로부터 마약류 학술 연구 자격을 취득해야 하며, 이는 일반 대마 재배사 자격에 비해 훨씬 까다로운 조건에서 제한적으로 허용됩니다.

따라서 극소수의 기관을 제외한 일반 재배사 취득 농가 등에서는 대마가 잘 자라는지 확인하기 위해 생채기 하나 내지 않고 외부에서 관찰만 해야 합니다. 이처럼 샘플링 기법은 '귀하신 몸'을 분석하는 데에는 적합하지 않습니다.

실시간성의 문제

기존의 기법들에는 또 다른 문제가 있습니다. 바로 실시간으로 생명

내부의 활동을 관측하는 것이 어렵다는 점입니다.

씨앗을 심어 새싹을 틔우고 꽃봉오리를 맺어 열매가 생기는 과정을 속속들이 지켜보고 싶다면 어떻게 해야 할까요? 씨앗 속에서 일어나는 일을 알아보려면 씨앗을 반으로 갈라 분석을 해야 합니다. 그러면 씨앗 다음 단계인 새싹에서부터 일어날 일은 알 수 없게 됩니다. 반으로 갈라진 씨앗은 새싹이 될 수 없으니까요. 마찬가지로 새싹을 갈라 버리면 꽃봉오리를 알 수 없고, 꽃봉오리를 갈라 버리면 꽃과 열매를 알 수 없게 됩니다.

그리하여 기존의 분석 방식으로는 작물이 성장하는 과정에서 어떻게 상태가 바뀌어 가는지를 실시간으로 관측할 수 없습니다. 실제 업계에서는 굉장히 많은 작물들을 동시에 심어서 일부는 씨앗일 때 갈라 보고, 남은 것들 중 일부는 새싹일 때, 나머지는 꽃봉오리일 때 갈라 보는 식으로 식물 내부에서 일어나는 일을 분석합니다.

과학적 탐구를 위해서는 괜찮은 접근입니다. 덕분에 꽃봉오리의 역할, 씨앗이 새싹이 되기까지 일어나는 과정 따위의 과학적 지식을 밝혀내는 것이 가능해졌으니까요. 하지만 이런 접근은 '내가 앞마당에 심은 씨앗 하나가 새싹이 되었는데, 그 안에서 무슨 일이 일어나고 있을지 궁금해'에 대한 대답은 줄 수 없다는 한계가 있습니다.

해결 방법은 없을까?

그렇다면 샘플링 기법이 가진 한계와 실시간성의 문제를 극복할 방법은 없을까요? 식물체의 개수가 매우 적을 때 식물을 해치지 않고서도 내부에서 일어나는 일을 바로 분석할 수 있는 기술 말입니다.

저는 2018년 즈음, 복잡계 분석 기법을 활용하여 이 문제를 해결하는 기술을 만들어 봤습니다. 복잡계 분석은 원래 아주 작은 입력값도 매우 큰 결괏값에 도달할 수 있는 등, 복잡계의 결과물을 예측하는 것이 어렵다는 카오스이론이나 시뮬레이션 분야와 관련이 있는 기술인데요. 이걸 활용하여 식물 뿌리에서 일어나는 상황을 예측해 보는 것입니다. 새로운 접근이기도 하고 내용이 어렵다 보니 차근차근 설명해 보도록 하겠습니다.

계 system

'계'라는 것이 있습니다. 낯설게 느껴질 수도 있겠지만 '시스템'이라는 단어로 바꾸어 말하면 좀 더 익숙할 것입니다. 계는 바로 시스템입니다. 물리학에서는 어떤 구성 요소들이 체계적으로 모인 집합을 계라고 부르기도 하지요.

비닐하우스는 하나의 계를 형성합니다. 비닐하우스 안에 있는 식물 재배 장치도 계이고, 재배 장치 안에 있는 식물과 양액(영양소가 녹아 있는 액체)의 집합도 계에 해당합니다. 식물 자체도 하나의 계로 볼 수 있습니다. 또 식물을 구성하는 뿌리, 줄기는 물론 세포 하나하나 또한 계입니다. 이 중에서 우리는 식물 뿌리와 양액의 집합으로 구성된 계를 주된 관심사에 두겠습니다.

열역학에서는 편의상 계를 세 종류로 구분합니다.

'열린계'는 내외부로 물질과 에너지가 모두 출입할 수 있는 계를 의미합니다. 우리 주변에 있는 밀폐되지 않은 대부분의 물체나 공간이 열린계에 해당합니다. 예를 들면 뚜껑이 열린 페트병은 내부에 물을 집어넣을 수도 있고 공기가 통하기도 하니 물질의 출입이 가능합니다. 또한 빛이 통과할 수 있으며 냉장고에 넣어 두면 내용물이 차가워지므로 열에너지의 출입도 가능합니다. 그러므로 뚜껑이 열린 페트병은 열린계입니다.

'닫힌계'는 물질은 출입할 수 없지만 에너지는 출입할 수 있는 계를 의미합니다. 주변에서 볼 수 있는 대부분의 밀폐 용기가 닫힌계에 해당

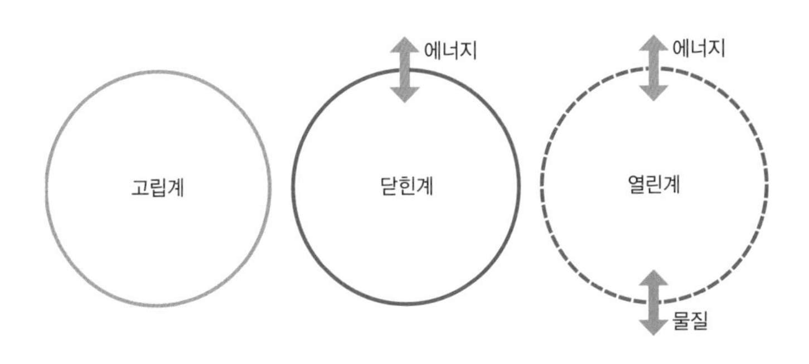

열역학에서 나누는 세 가지 계

합니다. 아까 그 페트병의 뚜껑을 닫아 봅시다. 내부의 액체가 쏟아지거나 공기가 유입되지 못하므로 물질 교환이 불가능하고, 냉장고에 넣어 두면 시원해지므로 열에너지의 출입은 가능합니다. 그러므로 뚜껑이 닫힌 페트병은 닫힌계입니다.

'고립계'는 에너지 출입도 불가능하고 물질의 출입도 불가능한 계를 의미합니다. 현실 세계에서는 우주 전체를 하나의 시스템으로 보는 경우 외에는 고립계를 정의하기가 까다롭습니다.

우주 universe

우리가 관심 있게 분석하려는 계의 바깥에 있는 영역을 우주 또는 주위라고 부릅니다. 일반적으로 하늘 위의 공간을 가리키는 우주는, 지구와 대기권을 하나의 계로 보는 관점에서 정의한 것입니다. 물리학적으로 정의해 보자면 지구와 주변 공기라는 계의 바깥쪽 공간이라 볼 수 있습니다.

계에서 빠져나온 물질이나 에너지는 우주로 입력됩니다. 반대로 우주에서 빠져나온 물질이나 에너지는 계로 입력됩니다. 질량과 에너지는 항상 보존되기 때문에 계와 우주의 에너지와 질량의 총합은 일정합니다.

즉, 계를 직접 관찰하는 것이 곤란하다면 계를 둘러싼 우주를 관측하면 된다는 뜻입니다. 우주에서 에너지와 물질이 얼마나 빠져나갔는지, 혹은 어떤 물질이 우주로 새롭게 유입되었는지를 관측하면 계에 대해서도 분석할 수 있는 것입니다.

이것이 식물을 죽이지 않고서 실시간으로 분석하기 위한 기술의 철학적 토대가 됩니다. 어렵지만 대강 이해가 되시나요?

식물과 양액계, 그리고 우주

식물 내부로는 물, 이온, 그리고 공기가 출입합니다. 그리고 빛에너지가 유입되어 광합성을 유발하고, 이 과정에서 열에너지가 외부로 방출됩니다. 따라서 식물 자체는 물질과 에너지 출입이 가능한 열린계입니다.

식물 뿌리와 닿아 있는 양액 역시 식물과 영양소를 주고받으므로 열린계입니다. 식물 주변의 공기 또한 식물과 물질(산소나 이산화탄소 등)

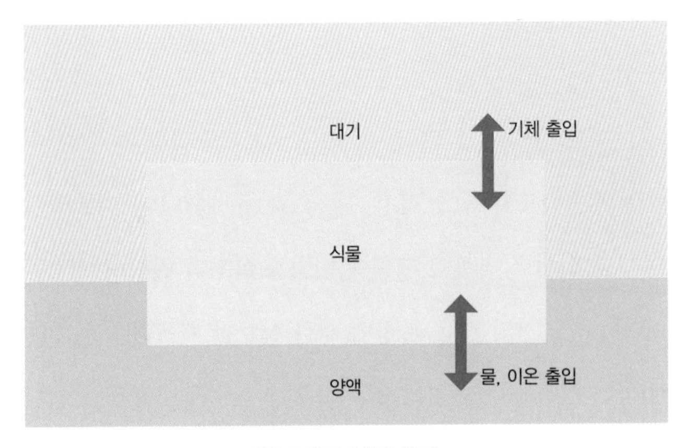

식물과 주변계 분석 예시

을 주고받으므로 열린계입니다. 대기-식물-양액 세 가지 구성요소를 포함하는 커다란 계 또한 열린계입니다. 여기서 저는 대기는 무시하고 양액에 집중하기로 했습니다. 두 가지 이유에서입니다.

첫째로, 대기와 식물 사이의 물질 교환과 에너지 교환은 실시간으로 측정하기 어렵습니다. 식물 내부로 유입되는 이산화탄소나 식물이 뱉어 내는 산소를 측정하려면 굉장히 정밀한 장비를 동원해 큰 수고를 기울여야 합니다. 농장 안의 모든 식물체에 이런 장비를 설치하려면 많은 돈이 듭니다. 농장 면적이 넓어지면 비용은 천문학적으로 늘어날 텐데, 채소를 기르자고 그런 돈을 들이는 것은 수지타산이 맞지 않습니다. 과학은 항상 비용과 탄소 중립 등의 경제적인 여건을 고려해야 하는 분야입니다. 따라서 공기와 식물 사이의 상호작용은 분석하지 않기로 했습니다.

둘째로, 스마트팜 시스템에서 공기는 식물보다 더욱 강력한 공조기(에어컨)와 소통합니다. 스마트팜에 설치되는 공조기는 무척 강력해서 식물이 아무리 수증기를 많이 내뿜어도 습도를 낮출 수 있으며, 한여름이나 한겨울에도 온도를 적정 수준으로 유지합니다. 기계장치의 힘이 식물보다 훨씬 강력하기 때문에 대기를 아무리 열심히 측정해 봐야 식물보다는 공조기의 작동 과정에 대한 정보만 획득하게 될 가능성이 높습니다.

그리하여 저는 고민 끝에 식물과 양액 사이의 상호작용에만 집중하

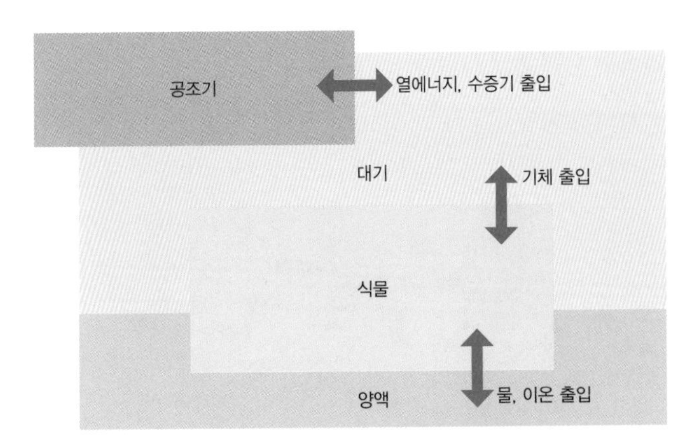

식물과 주변계, 그리고 공조기의 상호작용 분석

기로 했고, 양액 안에서는 이온에만 집중하기로 했습니다. 용매인 물은 증발해서 사라질 수 있지만 용질인 이온은 증발하거나 갑작스럽게 사라지지 않기 때문입니다. 따라서 이 기술의 핵심 철학은 아래 두 줄의 문구로 요약할 수 있습니다.

- 양액(우주)의 이온 농도 변화를 실시간으로 측정한다.
- 그러면 식물(계)이 흡수하거나 방출하는 이온의 정보를 실시간으로 알 수 있다.

농부가 사랑에 빠진 수식

복잡하고 어려운 중간 과정은 생략하고 결과만 보여 드리자면, 식물과 양액 사이의 상호작용은 이 한 장의 그림으로 요약할 수 있습니다.

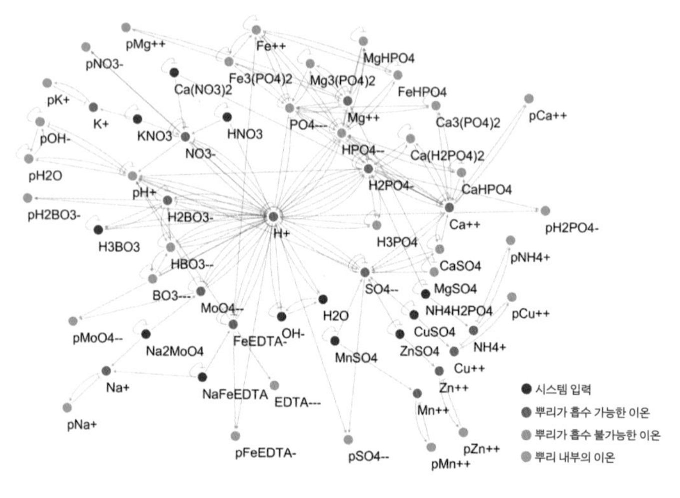

식물과 양액 사이의 상호작용

이 과정에서 양액 내 이온 측정 센서가 가진 문제를 해결하기 위한 머신러닝 기술[2]이 필요했습니다. ISEIon Selective Electrode 센서는 여러 이온이 섞여 있을 때 농도가 높아지면 높아질수록 센서값이 왜곡되는 특징이 있는데, 이를 '이온 간섭 효과'라고 부르며, 정부 출연 연구소나 대학 연구실에서도 이 문제를 해결하지 못하여 센서값이 40%나 오차를 보이는 채로 논문을 발표한 경우도 많죠.

또한 저는 양액의 출렁거림으로 발생하는 센서의 전기 신호 오차를 해결하기 위한 인공지능 기술[3]도 만들어야 했으며, 양액과 식물 사이의 복잡계 분석을 위한 네트워크 모델[4]도 새로이 구축해야 했습니다.

기존의 연구 결과들은 식물체의 금속 양이온을 흡수하는 과정을 제대로 이해하지 않은 채 단순히 농도에 비례해 흡수 속도가 빨라지도록 구축해 둔 경우밖에 없었습니다. 그래서 새로운 프로토콜을 만들어야 했고, 연구 끝에 아래 수식[5]을 유도할 수 있었습니다.

$$\frac{d[ion]}{dt} = -\frac{B}{S} \cdot \frac{D_A\sqrt{M}}{(kN_F)^{1.5}} \cdot \frac{1}{\sqrt{V_m}} \frac{d}{dt} V_m$$

실제로 다른 모든 값을 고정한 상태에서 B만 바꾸며 시뮬레이션을 돌려 보면, 아래 그림과 같이 주요 영양소인 NPK(질소, 인, 칼륨)의 흡수율이 크게 달라지는 것을 확인할 수 있습니다.

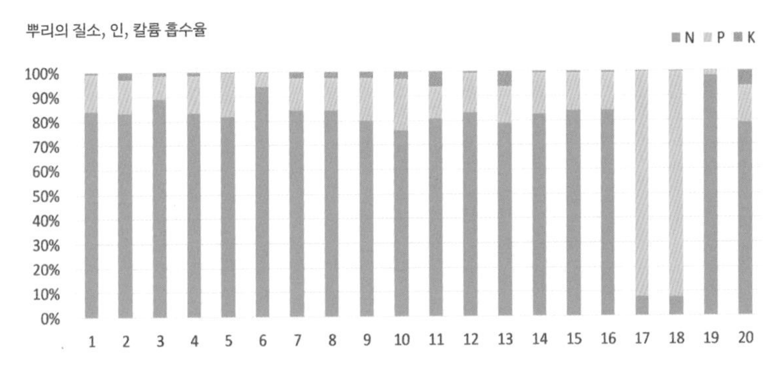

B값의 변화에 따른 식물의 영양 흡수 비율 변화 그래프

마지막으로 식물 주변의 양액을 센서로 측정하기만 하면 B를 유추해 낼 수 있는 인공지능(등록특허 10-2308623)까지 만드는 것으로 이 연구는 2020년에 마무리되었습니다.

어떤 장점이 있을까?

하루아침에 B값이 크게 달라졌다면 어떤 상황일까요? 작물의 생물학적 상태가 순식간에 급변했다는 뜻입니다. 보통 성장 과정에서 하루만에 극적인 변화가 일어나는 경우는 드물기 때문에 문제가 생겼다는 신호로 받아들일 수 있습니다.

식물이 특정 영양분을 제대로 흡수하지 못하는지, 혹은 어떤 질병적 요인이 발생하였는지를 간접적으로 알 수 있게 되는 것입니다. 농장에 직접 가 보지 않더라도 다음과 같은 지시를 할 수 있지요.

"스마트폰에 찍힌 참외의 B값을 보니 이제 수확하면 될 것 같은데요?" "딸기의 B값을 보니 착화기에 들어갔어요. 인공수분을 준비하세요." "천연기념물인 이 화초의 B값이 2개월째 그대로입니다. 꽃을 틔우려면 생육조건의 변화가 필요합니다."

이렇게 하면 식물을 반으로 갈라 보지 않고도 내부 상태를 외부에서 관측할 수 있겠죠? 그것도 실시간으로 말이에요. 이런 것들이 바로 4차 산업혁명 시대의 농업 기술입니다. 그뿐만 아니라 B값을 이미 알고 있다면 양액에 섞여 들어온 불청객의 유무도 알 수 있습니다. 카메라로 확인해 보면 상추의 잎사귀도 파릇파릇해 보이고 멀쩡한데 갑작스레 이상한 B값이 측정되는 상황이 벌어질 수 있습니다. 십중팔구 양액 안에 녹조나 다른 생명체가 섞여 들어온 것이라 추측해 볼 수 있겠죠.

일단 아무렇게나 양액을 준 다음 B값을 측정하면서 양액의 조성을 서서히 수정하는 방법도 가능합니다. 식물이 가장 최적화된 속도로 영양분을 흡수하는 시점에서 양액 조성이 어떤지 역으로 추적하는 것이지요.

특정 식물이 선호하는 양액 조성을 밝혀내기 위해선 여러 명의 박사들이 농사를 여러 번 지어 가면서 연구를 진행해야 합니다. 이때 AI의 도움을 받으면 이 과정이 거의 실시간으로 처리될 수 있습니다. 대학교나 연구소가 수년간 매달려야 가능했던 연구가 금세 해결되는 세상이 온 것입니다.

물론 농작에는 일정한 패턴이 있기 때문에 같은 작물로 오래 농사를 지은 사람에게는 이런 기술이 전혀 필요하지 않습니다. 반면 농사 경험이 부족한 사람에게는 도움이 될 수 있겠죠.

저는 이 기술을 개발하면서 이런 생각을 했습니다. 특이점은 반드시 올 것이고, 특이점 이후의 AI가 이 연구를 접한다면 시행착오를 겪지 않고 어떤 작물이든 재배할 수 있을 것이며, AI가 경력 많은 농부를 대체하게 될 것이라고 말입니다.

만약 AI의 재배 실력이 부족하다면 미래의 우리는 몇 안 되는 종류의 시들시들한 채소만 먹게 될지도 모르겠습니다. 하지만 특이점 이후 인공지능이 매일매일 새로운 종류의 신선한 채소와 과일을 여러분에게 배송해 주는 날이 온다면, 부디 이 책을 떠올려 주길 바랍니다.

'특이점주의자'라고 불리는 사람들

레이 커즈와일은 그의 저서 『특이점이 온다The Singularity Is Near』를 통해 특이점에 대한 개념을 확립하고 일반인에게 소개했습니다. 그는 통상적인 예측과는 달리 인공지능이 인간을 위협하기보다는 인간이 조금씩 기계화되며 인공지능의 도움을 받을 것이라고 전망하기도 합니다.

어쩌면 특이점 이후의 세상은 두려워할 것 천지일지도 모릅니다. 그간 열심히 살아온 우리의 노력이 물거품이 될지도 모르고, 재산과 권력의 의미가 재정립될 수도 있습니다. 커즈와일의 예측에 따르면 훗날의 자본가들은 불로불사에 가까운 수명과 무한한 지능을 획득할 수도 있다고 하니 말입니다.

특이점에 대한 인상이 이렇듯 강렬하다 보니, 세상에는 특이점 만능주의에 빠져 있는 사람들도 있습니다. 이들을 특이점주의자singularitian라고 부릅니다.

극단적인 특이점주의자들은 '조만간 특이점이 오면 유전공학, 나노 기술, AI 기술 덕분에 인간의 신체는 조금씩 기계로 대체될 것이고 수명 또한 무한정 연장될 것이므로, 특이점 이전의 세상은 부질없다'고 여기고 있습니다.

레이 커즈와일 역시 본인을 특이점주의자라 여기며 불로불사에 집착하는 것으로 알려져 있습니다. 그의 나이는 이미 75세의 고령이지만 특이점이 올 때까지 살아남아 불로불사를 얻겠다는 집념으로 하루 250알의 영양제를 복용하고 매주 포스파티딜콜린 주사를 맞는 등의 기행을 보이기도 했습니다.

그는 2045년까지만 생존하면 불로불사에 도달할 수 있을 것이라 믿고 있는데요. 여러분은 그가 주장하는 특이점에 대한 극단적인 전망, 그리고 집착을 어떻게 생각하나요?

4부

지금까지의 경험으로는 이해할 수 없는 신세계

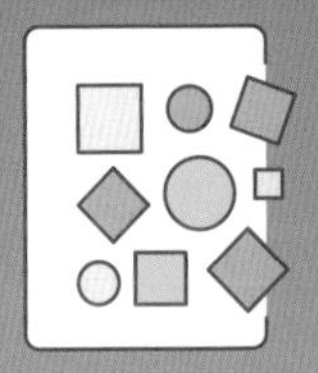

대중의 기술 인식 속도보다 훨씬 빠르게 발달한 분야가 있습니다. 블록체인과 Web 3.0이 바로 그 주인공입니다. 사람들은 이 기술들을 이해하려 노력하는 대신 투기의 대상으로 삼는 데 주력했고, 그 결과 많은 이들이 피해를 보기도 했습니다. 앞으로는 더욱 이해하기 어려운 현상도 일어날 수 있으며, 그때마다 사회는 크고 작은 혼란을 겪게 될 것으로 보입니다.

4부에서는 2021년 연말의 가장 뜨거운 토픽이었던 Web 3.0에 대해 알아보도록 합시다. 또 인공지능이 무분별하게 사회에 도입되면 어떤 부작용이 생겨나는지, 특이점에 현명하게 대처하기 위해 법조인들은 어떤 노력을 하고 있는지까지 살펴보겠습니다.

01

비트코인은 은행을 어떻게 바꿔 놓을 것인가?

[비트코인과 탈중앙화]

보이지 않는 손의 한계

'보이지 않는 손'에 대해 들어 본 적 있을 겁니다. 고전파 경제학자인 애덤 스미스가 사용한 개념이지요. 그가 주장한 자유방임주의 경제와 보이지 않는 손이 실패할 수밖에 없는 무수히 많은 시나리오 중 하나를 기술해 보겠습니다.

A는 가상의 자유방임주의 국가 B의 재벌입니다. 그는 자신이 경영권을 가진 기업들에게 지출을 중단하고 근로자를 대량으로 해고하라는 명령을 내립니다. B 국가의 시민들은 점점 수입이 줄어듭니다. 하지만

생활을 위해 지출은 해야 하고, 이 과정에서 시민들의 자금이 A가 소유한 기업으로 이동합니다.

B 국가 영토 내 부동산의 수량은 일정한데, 시장에 유통되는 현금의 양이 줄어듭니다. 결과적으로 현금의 가치가 상승하며 부동산의 가격이 내려갑니다. 집을 팔아도 대출을 갚을 수 없는 사람들까지 생겨납니다. 이에 위기감을 느낀 은행은 주택 담보대출을 받은 시민들에게 대출 조기 상환을 요구합니다.

그런데 사람들은 대출을 갚을 돈이 없습니다. 애초에 집을 현찰로 구매할 능력이 있었다면 주택 담보대출을 받지 않았을 겁니다. 결과적으로 시민들은 빚을 지고 집에서 쫓겨납니다. 집을 살 여유가 있는 사람들이 줄어들었으므로 경매에 집을 내놓아도 제값을 받지 못합니다. 모두가 싼 가격에 집을 살 수 있는 상황이니 집값이 폭락합니다. 더더욱 많은 시민들이 집을 팔아도 대출을 갚을 수 없는 상황에 처하게 됩니다.

이때 A가 빠른 속도로 집을 마구 사들입니다. 이 과정에서 대규모의 현금이 시장에 공급됩니다. 현금의 가치가 급속도로 떨어집니다. 똑같은 집 한 채를 사려 해도 더 많은 현금이 필요하다는 뜻입니다. 결과적으로 집값은 폭등하여 싼값에 집을 긁어모았던 A는 순식간에 더 큰 부를 축적합니다. B국가는 최악의 양극화로 치닫게 됩니다.

중앙은행의 역할

A의 사례와 같이 나라의 경제가 누군가의 손에 좌지우지되는 것을 방지하기 위해 중앙은행이라는 제도가 있습니다. 중앙은행은 통화 정책을 추진하는 기관으로, 물가 안정과 화폐 발행 등 다양한 기능을 수행합니다. B국가에 중앙은행이 있었다면 위와 같은 사태는 벌어지지 않았을 것입니다.

A가 물가를 떨어뜨리기 위해 시장의 통화량을 줄일 때, 중앙은행이 A가 흡수한 규모 이상의 화폐를 시장에 적극적으로 공급하면 오히려 소폭의 물가 상승이 발생하며 A가 손해를 보게 됩니다. 반대로 A가 물가를 높이려는 경우에도 중앙은행이 화폐를 흡수하여 무력화할 수 있고요.

중앙은행이 시장의 상황을 적절히 통제함으로써, 시장을 조작하려던 A의 의도는 실패하고 국민들은 생계를 지켜 나갈 수 있습니다. 그렇기에 혹자는 중앙은행을 두고 '불'과 '바퀴'와 함께 인류 역사상 가장 위대한 발명품이라 말하기도 합니다.

중앙은행이 권력의 하수인이 된다면

그런데 응당 정의의 수호자여야 할 중앙은행이 권력의 하수인이 된다면 어떤 일이 벌어질까요? 그런 상황을 설명할 수 있는 2003년 미국의 사례를 살펴보겠습니다.

당시 미국의 은행들은 욕심 때문에 리스크가 아주 높은 파생 상품을 무리하게 찍어 냈습니다. 여기서 파생 상품이란 물건의 원본을 판매하는 것이 아니라 그 물건에 관한 다른 권리를 파는 것을 말합니다. 예를 들면 콜라 한 캔을 구매한 다음 '콜라를 가질 권리', '콜라를 판매할 권리', '콜라를 구매할 권리', '콜라를 한 입만 마실 권리' 등을 쪼개어 판매하는 방식입니다. 최초 물건가의 가치를 훨씬 웃도는 부를 창출할 수 있는 구조이지요.

그 결과, 미국 내 통화량은 지나치게 증가합니다. 당연히 집값은 폭등했습니다. 하지만 미국 연방준비제도(연준)는 정치권에 굴복하여 화폐를 흡수하기는커녕 기준 금리를 낮게 유지하며 화폐 유통량을 계속 늘렸습니다. 기준 금리란, 국가가 은행으로부터 단기간 돈을 빌릴 때 내는 이자입니다. 은행 입장에서는 사람들에게 기준 금리보다 싼 이자로 돈을 빌려줄 이유가 없습니다. 그 돈을 국가에 모두 빌려주면 더 높은 수익이 보장되기 때문이죠. 기준 금리가 낮으면 은행의 대출이자도 낮아져 많은 사람들이 대출을 쉽게 받게 되고, 결과적으로 시중 통화량이 증가합니다.

몇 년 뒤, 정신을 차린 연준이 조금씩 금리를 올렸지만 때는 너무 늦었습니다. 대출이자가 오르자 여기저기서 부도가 났고, 연쇄적으로 부동산 가격이 폭락하며 전 세계 은행과 증권사가 큰 타격을 입었습니다. 그 피해는 고스란히 국민들에게 돌아갔고요.

그렇게 2008년에 인류 역사상 두 번째 대규모 경제 위기가 찾아왔습니다. 이 사건을 '서브프라임 모기지 사태'라고 부릅니다. 당시 미국에는 끼니를 해결하기 어려운 사람들이 늘어나 급식에 나온 케첩을 집에 가져와 물에 끓여 먹는다는 등 흉흉한 소문이 돌기도 했습니다. 우리나라 역시 대규모의 경제 피해를 봤으며, 베네수엘라와 짐바브웨는 이 사태로 인해 국가 부도를 맞기도 했습니다.

더 이상 중앙은행을 믿을 수 없어 등장한 비트코인

2008년, 미국 중앙은행은 세계 4위 규모의 금융사인 리먼브라더스의 구제금융 신청을 거절했지만 이틀 뒤 AIG의 구제금융 신청은 승인했습니다. 이를 두고 AIG가 정치계에 더 큰 연줄이 있었기 때문에 AIG만 살린 것이 아니냐는 의혹이 있었습니다.

그리고 이로부터 한 달 뒤, 사토시 나카모토라는 가명을 쓰는 개발자가 「비트코인: 개인 간 전자화폐 시스템」이라는 논문을 발표합니다. 네, 비트코인의 등장입니다.

비트코인은 데이터 블록이 사슬처럼 하나씩 길게 이어진 블록체인

기술로 구현되었습니다. 그 첫 번째 블록에는 아래와 같은 16진수 암호가 기재되어 있습니다.

04ffff001d0104455468652054696d65732030332f4a616e2f
32303039204368616e63656c6c6f72206f6e206272696e6b2
06f66207365636f6e64206261696c6f757420666f72206261
6e6b73

이를 해독하면 다음과 같은 문구가 도출됩니다.

The Times 03/Jan/2009
Chancellor on brink of second bailout for banks

위 문구는 2009년 1월 3일 자 《타임》에 실린 뉴스 기사와 그 헤드라인을 가리키고 있습니다. 번역하면 '또다시 은행들에게 구제금융을 제공할 위기에 처한 재무부 장관'이라는 의미입니다.

사토시 나카모토가 비트코인이라는 기술을 발표하며 굳이 저 뉴스 기사 제목을 삽입한 의도가 무엇일까요? 이 문구는 한번 기록되면 영원히 수정이 불가능한 것인데 말입니다. 사람들은 이를 두고 사토시 나카모토라는 이가 중앙은행의 구제금융에 환멸을 느껴 비트코인을 만들었

Chancellor on brink of second bailout for banks

Billions may be needed as lending squeeze tightens

Francis Elliott Deputy Political Editor
Gary Duncan Economics Editor

Alistair Darling has been forced to consider a second bailout for banks as the lending drought worsens.

The Chancellor will decide within weeks whether to pump billions more into the economy as evidence mounts that the £37 billion part-nationalisation last year has failed to keep credit flowing. Options include cash injections, offering banks cheaper state guarantees to raise money privately or buying up "toxic assets", The Times has learnt.

The Bank of England revealed yesterday that, despite intense pressure, the banks curbed lending in the final quarter of last year and plan even tighter restrictions in the coming months. Its findings will alarm the Treasury.

The Bank is expected to take yet more aggressive action this week by cutting the base rate from its current level of 2 per cent. Doing so would reduce the cost of borrowing but have little effect on the availability of loans.

Whitehall sources said that ministers planned to "keep the banks on the boil" but accepted that they need more help to restore lending levels. Formally, the Treasury plans to focus on state-backed guarantees to encourage private finance, but a number of interventions are on the table, including further injections of taxpayers' cash.

Under one option, a "bad bank" would be created to dispose of bad debts. The Treasury would take bad loans off the hands of troubled banks, perhaps swapping them for government bonds. The toxic assets, blamed for poisoning the financial system, would be parked in a state vehicle or "bad bank" that would manage them and attempt to dispose of them while "detoxifying" the mainstream banking system.

The idea would mirror the initial proposal by Henry Paulson, the US Treasury Secretary, to underpin the American banking system by buying

Continued on page 4, col 1
Leading article, page 2

99p

Pub chain cuts the price of a pint from £1.49 to 1989 levels

Business, page 41

2009년 1월 3일자 《타임》에 실린 뉴스 기사

다는 암시로 해석합니다. 권력의 앞잡이가 되어 서민들의 삶을 지옥으로 만든 중앙은행에 대한 분노가 비트코인 개발의 원동력이 된 것이 아닐까 하고 말이죠.

비트코인의 등장에서 배우는 교훈

시대에 따라 개인이 국가에 불만을 표현하는 방식은 달라졌습니다. 농민 봉기나 혁명처럼 무력으로 정권을 전복하는 행위는 투표 제도가 정착하며 시위 형식으로 바뀌었습니다. 4차 산업혁명 시대에는 또 다른 형태가 될 것입니다.

비트코인이 가진 사회적 파급력에 대해서는 설명할 필요가 없을 것입니다. 여러분도 뉴스에서 많이 봤을 테니까요. 비트코인은 여전히 세계 경제에 영향을 미치고 있으며 많은 국가들이 비트코인에 대응하기 위한 정책을 만들고 있습니다.

4차 산업혁명 이후엔 기술력을 갖춘 개인이 IT의 힘으로 무력시위보다 파괴적이고 민주 시위보다도 더 큰 공감대를 끌어내는 운동을 통해 세상을 뒤집을 수도 있습니다. 이러한 관점에서 바라본다면 비트코인이 그저 집단 광기에 물든 투기 수단이 아니라 하나의 새로운 사회적 현상이며, 권력에 대한 새로운 불만 표출 방법이었음을 이해할 수 있을 것입니다.

중앙화된 화폐 시스템

비트코인은 새로운 금융 체계를 제안하며 세상에 발표되었습니다. 하지만 개발자들은 비트코인의 화폐적 기능보다는 비트코인이 제안한 탈중앙화decentralization라는 개념에 더욱 관심이 많습니다. 이 탈중앙화라는 개념을 한번 이해해 보도록 합시다.

다음 그림은 우리가 현실 세계에서 사용하는 신용화폐의 지배 구조입니다. 내용을 전부 이해할 필요는 없습니다. 우리가 가진 돈의 가치가 유지되려면 정부, 시중은행, 중앙은행, 국세청이라는 네 개의 강력한 기관이 필요하다는 사실에만 주목하면 됩니다.

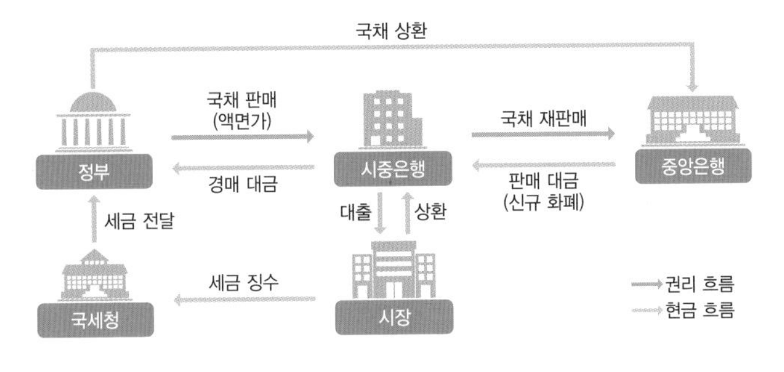

신용화폐의 지배 구조

이 네 기관이 인정하는 화폐만이 진짜 화폐이며, 현실 세계에서 가치를 가집니다. 이렇게 강력한 중앙기관이 화폐의 가치를 보증하는 방식을 '중앙화된 화폐 생산 시스템'이라 부릅니다. 반면 비트코인의 가치를 인정해 주는 기관은 따로 존재하지 않습니다. 이것이 비트코인 가격이 수시로 오르내리는 본질적 이유입니다.

현실 세계의 화폐 흐름 역시 강력한 기관이 보증을 서기 때문에 유지됩니다. 카드 결제를 예로 들어 보겠습니다. 우리가 카드로 결제하는 내역은 실시간으로 카드사에 넘어가 저장되며, 또 카드사가 실시간으로 거래 내용을 보증해 줍니다. 이와 같이 강력한 중앙 기관이 결제 내역을 보증해 주는 방식을 '중앙화된 화폐 결제 시스템'이라 부릅니다.

'중앙화된 화폐 생산 시스템'과 '중앙화된 화폐 결제 시스템'은 모두 중앙 기관의 도덕성을 절대적으로 신뢰한다는 전제로 굴러갑니다. 왜냐하면 중앙 기관의 도덕성에 시장 참여자들의 운명이 좌우되기 때문입니다. '중앙화된 화폐 생산 기관'인 중앙은행이 부패하여 생긴 문제는 앞서 살펴봤습니다. 결제를 보증해 주는 중앙 기관이 도덕심을 잃는다면 우리가 음료수 한 잔을 사면서 카드를 긁을 때마다 통장에서 30만 원이 인출될 수도 있는 노릇입니다.

블록체인

비트코인은 이와 같은 문제를 우려하며 탈중앙화라는 개념을 도입했습니다. 비트코인의 다른 기능이나 경제적 파급력은 사실 4차 산업혁명에 그리 긍정적인 영향을 주지 못했지만 탈중앙화는 무척 중요한 개념입니다.

비트코인은 블록체인block chain이라 불리는 기술을 제안합니다. 블록체인이란 개념은 아래 두 문장으로 요약할 수 있습니다.

1. 화폐의 생산과 이동 내역은 투명하게 공개한다.
2. 공개된 내역은 모두가 볼 수 있는 곳에 공정하게 비치한다.

별것 없어 보이죠? 하지만 잠시 생각해 봅시다. 새로운 화폐가 생산되고 또 오고 가는 상황입니다. 만약 할 수만 있다면 누구든 통장 잔고나 결제 내역을 자신에게 유리하게 조작하고 싶을 겁니다. 물건을 사며

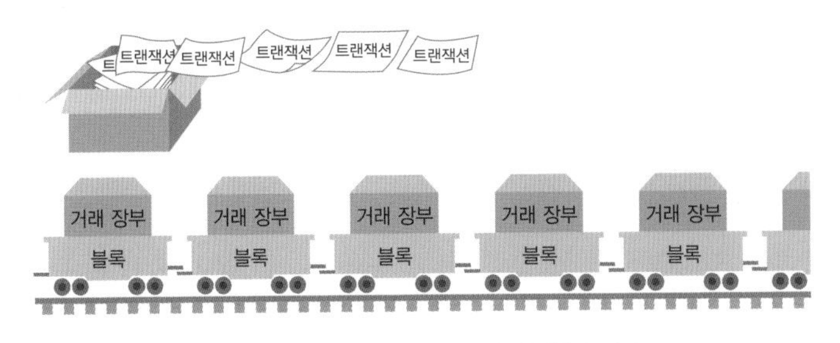

거래 장부에 기록된 내용은 누구나 열람할 수 있다.

돈을 이체한 내역을 장부에서 지워 버리거나, 생산 내역을 속여 자기 계좌에 큰돈을 입금하려 할 수도 있죠.

비트코인은 이러한 이기심을 이용해 공정함을 확보했습니다. 누군가 부당이득을 챙기려고 장부를 위조하면 다른 참여자들이 모두 손해를 보겠죠? 그래서 비트코인 세계의 참여자들은 눈에 불을 켜고 다른 사람이 제출한 거래 내역이 올바른지 아닌지 검토합니다. 그리고 성공적으로 검토를 마쳤다면, 가장 먼저 검토에 성공한 사람에게 새로운 비트코인을 입금해 줍니다.

결과적으로 사람들은 새로운 비트코인을 받기 위해, 그리고 남들이 사기를 치지 못하도록 감시하기 위해 거래 내역을 검증하는 데 시간과 노력을 투자하게 됩니다. 중앙 기관이 해야 될 일을 개개인이 나눠서 수행하는 것이지요.

이론상 한번 장부에 기록된 내용을 위조하려면 전 세계의 참여자들을 모두 찾아가 과반수의 동의를 받아야 합니다. 사실상 불가능에 가까운 일입니다. 권리를 최대한 잘게 쪼개어 나누어 준 대가로 위조가 불가능한 공정한 거래 장부 보관 방법을 확보한 것입니다.

중앙 기관이 없어도 정상 작동하는 이 시스템을 중앙화에서 벗어났다고 하여 탈중앙화된 시스템이라고 부릅니다. 이것이 비트코인이 4차 산업혁명에 가장 크게 기여한 부분입니다. 서론이 정말 길었네요. 이제 드디어 탈중앙화된 새로운 인터넷 세상인 Web 3.0에 대해 살펴볼 수 있게 되었습니다.

블록체인, NFT, 그리고 DApp

[대체 불가 토큰]

초등학생이 NFT로 큰돈을 벌었다는 소문

2021년 8월 말, 영국에 사는 12세 꼬마가 NFT 기술로 4억 7,000만 원을 벌었다는 소식이 알려지며 전 세계 언론에 보도되었습니다. 사건의 주인공은 벤야민 아메드입니다.

벤야민이 남들과 다른 점이 있다면, 마인크래프트라는 게임의 헤비 유저라는 점입니다. 그는 마인크래프트를 하며 키운 창의력을 바탕으로 고래 그림을 그려 주는 프로그램을 직접 코딩했고, 그 프로그램으로

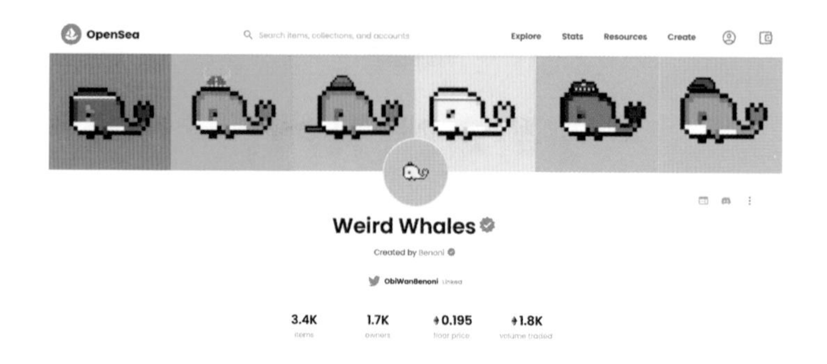

OpenSea 플랫폼에서 거래 중인 벤야민의 고래 컬렉션

3,400여 장의 고래 이미지를 만들었습니다. 벤야민은 이 이미지들에 이상한 고래들Wierd Whales이라는 이름을 붙였고, NFT로 만들어 판매했습니다.

이상한 고래들 컬렉션은 대박이 났습니다. 고래 이미지들은 불티나게 팔려 나갔고 벤야민은 순식간에 40만 달러를 벌어들였습니다. 심지어 이후로 고래 이미지가 거래될 때마다 거래 금액의 일부가 벤야민에게 자동으로 송금됩니다. 어쩌면 벤야민은 앞으로 평생 일을 하지 않아도 부유하게 살 수 있을지도 모릅니다.

초등학생이 코딩 작업으로 만든 고래 그림이 어떻게 전 세계 구매자들의 마음을 훔치고, 이리도 비싼 가격에 판매될 수 있었을까요? 비밀은 NFT 기술에 있습니다. 지금부터 이 NFT 기술에 대해 자세히 이야기해 보겠습니다.

NFT,
블록체인의 그림자

그림자가 존재하려면 빛을 가려 줄 물체가 반드시 필요하지요. NFT는 블록체인의 그림자와 같은 존재라 생각하셔도 좋습니다. NFT 기술이 존재하려면 블록체인이 반드시 필요하니까요. 흔히들 블록체인은 비트코인과 같은 암호 화폐를 만드는 용도로만 사용된다고 착각하곤 합니다. 하지만 블록체인의 본질은 코인이 아니라 거래 장부를 여러 사람이 나누어 관리하는 분산 원장distributed ledger입니다.

블록체인은 굉장히 직관적인 이름입니다. 데이터 블록을 한 줄로 길게 이어 붙인 형태가 마치 사슬chain같다고 하여 블록체인이라는 이름이 붙었습니다. 블록체인은 거래 내역들이 기재된 장부를 저장하기 위해 만들어진 기술입니다. 장부에 기록된 내용은 전 세계 사람들이 모두 열람할 수 있으며, 한번 장부에 기입된 내용은 위조가 불가능합니다.

NFT는 블록체인의 성질 중 이 '위조 불가능성'에서 파생된 기술입니다. 토큰token이라는 이름의 데이터 위에 정보를 기록하는 기술이죠. 토큰은 블록체인 네트워크의 장부에 기록됩니다. 이 장부는 위조가 불가능하므로 NFT 역시 한번 제작된 이후에 내용물이나 소유자를 위조하는 것이 불가능합니다.

위조가 불가능하며non-fungible, 토큰에 기록되는 데이터라는 뜻에서 이 기술에는 NFTNon-Fungible Token라는 이름이 붙게 되었습니다.

NFT가 선보인 놀라운 가치

가상 세계의 데이터는 무한히 늘어날 수 있습니다. 컴퓨터에 저장된 파일도, 유튜브에 업로드된 동영상도 끊임없이 복제될 수 있죠. 반면 현실 세계의 물건은 그 수도 질량도 제한되어 있습니다. 이것이 지금까지 가상 세계의 데이터보다 현실 세계의 물건이 더욱 가치 있다고 여겨졌던 근거입니다.

하지만 NFT를 활용하면 가상 세계의 데이터에도 유한성과 희소성을 부여할 수 있습니다. NFT의 작동 원리는 의외로 간단합니다.

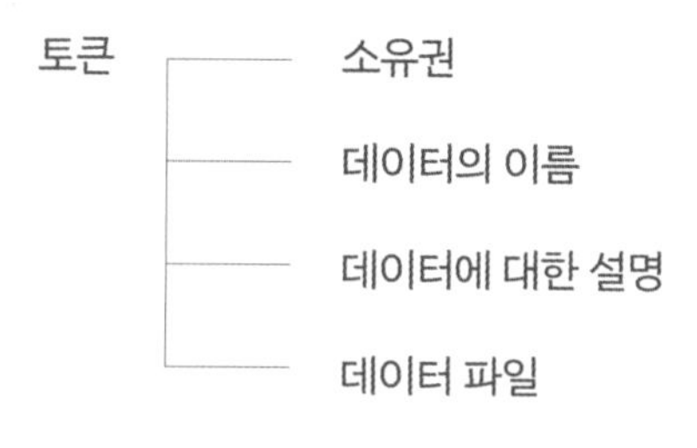

NFT는 토큰 형태의 데이터에 위와 같은 정보를 기록하고, 이를 블록체인의 분산 원장에 수록하는 것으로 완성됩니다. 따라서 NFT를 소유한 사람은 블록체인 위에 기록된 장부를 펼쳐서 NFT의 소유권을 증명할 수 있으며, 토큰에 기록된 데이터도 열람할 수 있습니다.

언뜻 간단해 보이는 기술이 왜 세상을 떠들썩하게 만드는 파급력을 갖게 되었는지, 실제 사례를 통해 살펴보겠습니다.

2021년에 간송미술관은 100개 한정으로 훈민정음 NFT를 만들었고 개당 1억 원에 판매했습니다. NFT의 내용물은 스캔된 훈민정음 해례본 사진입니다. 아무리 훈민정음이 귀중한 역사 유산이라지만, 그것을 찍은 사진 한 장이 1억 원에 팔릴 수 있었을까요? 그런데 '완판'을 기록합니다.

한번 만들어진 NFT의 내용물을 수정하는 것은 불가능합니다. 또 모든 NFT에는 해시값이라는 이름의 고유한 정보가 부여됩니다. 컴퓨터는 해시값을 참고하여 해당 NFT가 언제 만들어졌는지, 그리고 몇 번째 블록 위에 기록되어 있는지 등의 정보를 수집할 수 있습니다. 블록체인은 데이터 블록이 한 줄로 길게 이어진 형태이므로 첫 번째 블록부터 하나씩 번호를 붙일 수 있습니다. 따라서 블록의 번호를 알 수 있다면 해당 블록에 기록된 장부를 열람하여 내용물을 확인할 수도 있습니다. NFT를 최초로 만든 사람이 누구인지, 현재 소유자는 누구인지도 모두 알 수 있지요.

훈민정음 NFT를 열람하면 제작자가 누구인지를 볼 수 있는데, 간송미술관이 맞는지 확인하는 것으로 진품 여부를 파악할 수 있지요. 또 간송미술관에서는 적극적으로 훈민정음 NFT의 진품 여부를 보증해 주고 있습니다.

NFT의 기술적 특징과 권위 있는 기관의 보증이 만나 데이터 조각하나에 유한성과 특정성, 희소성이 발생했습니다. 덕분에 가치가 천정부지로 치솟았던 것입니다. 이 현상을 다음과 같은 한마디로 요약할 수 있겠습니다.

"NFT는 가상 세계의 데이터에 희소성을 부여할 수 있다."

NFT,
메타버스 열풍에 불을 붙이다

훈민정음 NFT처럼 어떤 NFT의 데이터가 현실 세계의 자료를 스캔하거나 사진으로 찍어 만들어진 경우에는 현실 세계의 가치가 가상 세계로 옮겨 가기도 합니다. 다른 말로 바꿔 보도록 하지요.

"NFT는 현실 세계의 자산을 복제하여 가상 세계로 전달하는 수단이다."

현실의 물건을 NFT로 만든다고 하여 현실 세계의 물건이 사라지거나 파손되지는 않습니다. 따라서 NFT가 불러온 파급효과는 자산 가치의 이동이라기보다는 복제에 가깝습니다. 원래 가치가 0이었던 곳에서 갑작스레 새로운 가치가 생겨나는 것이니 말입니다.

이러한 현상은 메타버스가 주목받으면서 더더욱 뜨거운 이슈로 자리 잡았습니다. 메타버스는 가상 세계고 메타버스 속 재산은 데이터입니다. 데이터는 복사나 조작이 가능하고요. 그런데 만약 이 데이터에

NFT를 적용하여 위조나 복제가 불가능하게 만들면 어떻게 될까요?

메타버스 속 물건이나 사이버 머니에도 유한성과 희소성이 부여될 것입니다. 복제가 불가능해진다는 의미지요. 그러니 사람들은 안심하고 가상 세계 속 자산을 구매할 것입니다. 이것이 2021년 연말을 메타버스 열풍으로 달아오르게 만든 원동력 중 하나입니다.

전 세계에 하나밖에 없는 문화재로 제작된 NFT의 소유자가 메타버스 세상 속에 박물관을 차리고, 그 안에 NFT를 전시해 둔다면 어떨까요? 현실 세계에도 하나밖에 없는 물건이면서 동시에 가상 세계에도 하나밖에 없는 물건을 보기 위해 많은 사람들이 기꺼이 관람료를 지불하지 않을까요?

물론 이와 같은 전망이 지나치게 낙관적이라는 지적도 있습니다. 실제로 현재 거래되는 NFT의 가격은 기술적 가치와는 전혀 무관한 투기의 영역에 있다고 볼 수 있습니다. 벤야민 아메드의 고래 NFT 또한 많은 사람들의 투기성 구매로 인하여 가격이 부풀려졌다는 분석도 있고요. NFT의 가파른 가격 상승을 튤립 파동과 유사하다 보는 견해도 있습니다. 튤립 파동이란, 17세기 무렵 네덜란드에서 일어났던 역사상 최초의 거품경제 현상인데요. 투기로 인하여 튤립 가격이 뜨겁게 상승하다가, 4개월 만에 95% 폭락한 사례죠.

단순히 데이터의 소유권을 증명하기 위하여 만들어진 NFT는 어느새 현실 세계와 가상 세계의 연결이라는 아주 거창한 기대를 받고 있습니다. 덕분에 NFT의 뿌리라고 할 수 있는 암호 화폐 기술 또한 또다시 관심을 끌고 있지요.

중앙화된 앱의 문제와 DApp

블록체인이 탈중앙화의 개념을 선보였다면 NFT는 탈중앙화된 데이터가 권위와 가치를 가지는 과정을 증명했습니다. 이렇게 유용한 개념을 활용하고 싶은 사람들이 많았겠죠? 이에 웹 서비스를 구성하는 데이터들을 탈중앙화하여 모든 사용자들이 공정하고 투명하게 이용할 수 있는 앱을 만들어 보자는 움직임도 생겼습니다.

유튜브나 틱톡, 인스타그램 같은 앱은 서비스 제공자의 서버에 모든 데이터가 보관됩니다. 운영진이 모든 데이터를 보관하고 관리하므로 중앙화된 서비스입니다. 서비스 운영 과정에서 운영사의 의도에 따라 사용자들에게 노출되는 정보를 마음대로 제어할 수 있습니다.

여기에서 발생하는 문제가 있었습니다. 페이스북은 인스타그램의 일부 기능이 사회적 갈등을 부추기고, 10대 여성의 자살 충동과 우울증을 심화시킨다는 내부 연구 결과를 은폐했습니다. 아울러 해당 기능을 삭제하거나 수정하지 않았습니다. 사용자가 위험에 처하거나 사용자들 사이에 갈등이 생겨도 신경 쓰지 않는 태도로 빈축을 샀습니다. 동영상

조회수가 올라가고 사용자들이 앱에 오래 머물기만 한다면 회사의 이익이 되니 상관없다는 것처럼 보였거든요.

페이스북의 전 프로덕트 매니저인 프랜시스 하우겐이 2021년 9월부터 이와 같은 사실을 폭로하며 전 세계에 충격을 줬습니다. 페이스북과 마크 저커버그는 창사 이래 최대 위기에 놓였습니다. 몇 달에 걸쳐 주가가 43%나 폭락했으며, 시가총액 520조 원가량이 허공으로 사라졌습니다. 저커버그는 기업의 희망찬 미래를 부각하여 위기 탈출을 꾀했고 회사명을 메타Meta로 바꾸었습니다. 자신들이 메타버스 산업을 장악할 것이라 당찬 포부를 밝히면서 말입니다.

메타의 사례는 중앙화된 앱 시스템의 문제를 직접적으로 보여 줍니다. 앞서 중앙화된 화폐 발행 시스템에서 중앙은행이 도덕심을 잃으면

2021년 10월 5일, 미 상원 청문회에서 증언 중인 프랜시스 하우겐 (연합뉴스)

전 세계 사람들이 고통을 받는다는 사실을 살펴봤습니다. 마찬가지로 중앙화된 앱 시스템에서 운영사가 도덕심을 잃으면 모든 유저들이 고통을 받습니다.

만약 인스타그램에 저장된 데이터와 사진을 모든 사용자들이 각자 나누어 가지고, 앱의 운영 정책 또한 유저들이 투표로 결정한다면 어떻게 될까요? 적어도 소수의 비도덕적 의도만으로 전체가 피해를 보는 일은 없어질 것입니다.

이와 같이 데이터와 운영 권한을 탈중앙화하는 앱을 디앱DApp, Decentralized Application이라고 부릅니다. 번역하면 말 그대로 '탈중앙화된 앱'입니다.

디앱에서는 사용자들이 생산한 데이터들이 NFT와 같은 형태로 블록체인 위에 저장됩니다. 여러분이 인스타그램에 사진을 올릴 때마다 그 게시물이 NFT 형태로 저장되는 모습을 상상해 보시면 되겠습니다.

디앱이 업데이트되거나 기능이 추가될 때에는 참여자 51% 이상의 동의가 필요합니다. 유저들은 팝업으로 뜨는 투표 창에서 자신의 의견을 표시하면 되겠지요. 유저 스스로가 불리한 업데이트를 배척할 수 있으므로 민주적이고 공정하게 시스템이 운영됩니다. 비트코인이 4차 산업혁명에 가장 크게 기여한 부분이 바로 디앱이라 할 수 있습니다.

디앱으로 구성된 인터넷 서비스가 바로 Web 3.0입니다. Web 3.0 세상은 공정하고 투명하게 운영된다는 기조를 가지고 있습니다. 물론 한계도 있습니다. 서비스를 구성하는 암호 화폐의 종류에 따라 시스템의 성능이 달라진다는 점입니다.

예를 들어 이더리움과 같이 사용자가 많은 암호 화폐를 바탕으로 시스템을 구축하면 시스템의 성능이 떨어질 수 있습니다. 왜냐하면 이더리움이 한 번에 처리할 수 있는 데이터의 개수는 한정되어 있어서, 전 세계 사람들의 결제 내역과 디앱의 데이터까지 한꺼번에 처리하려면 시간이 오래 걸리기 때문입니다. 아마 이더리움으로 인스타그램을 만든다면 인스타그램 스토리 하나를 올리는 데 15분 이상의 시간이 소요될지도 모릅니다.

그래서 대부분의 디앱은 유명하지 않은 암호 화폐를 활용하거나 혹은 새 암호 화폐를 직접 출시합니다. 이 경우 쾌적하고 빠른 성능을 누릴 수 있지만, 앱의 뼈대가 되는 암호 화폐가 투기나 사기에 활용될 경우 한순간에 앱이 망할 수도 있다는 치명적인 문제가 있습니다.

블록체인이라는 강력한 기술이 기존의 화폐 시스템, 데이터의 보증, 웹 서비스의 구동 등 전 세계 사람들이 관심을 가지는 분야에 적용되었으니 세상이 소란스러워지는 것도 이해가 됩니다. 이처럼 4차 산업혁명 시대에 만들어진 기술은 한 가지만으로도 세상을 요동치게 하는 경향이 있습니다.

그런데 만약 여기에 인공지능이나 로봇공학 등 다른 기술들이 융합된다면 어떻게 될까요? 사실 이미 업계에서는 다양한 시도가 있었고 성과를 보기도 했습니다. 여러분도 탈중앙화된 데이터로 구성된 세계의 모습이 어떨지 상상력을 한번 발휘해 보면 어떨까요? 문득 좋은 아이디어가 떠오를지도 모릅니다.

메타버스,
실물 자산이 가상 세계로

[메타버스]

테크 트리니티

"4차 산업혁명 시대의 다양한 기술 중에서 우리의 일상을 가장 크게 바꾸어 놓을 기술은 무엇일까요?"

누군가 이런 질문을 한다면, 저는 주저 없이 블록체인, NFT, 그리고 메타버스라고 대답하겠습니다. 이들은 각각 독립적으로도 세계 경제를 쥐락펴락하는 위업을 달성했지만 함께하면 더욱 강해집니다.

탈중앙화, 위조 불가능성, 그리고 가상 세계. 이 세 기술이 한데 모일 때 우리는 새로운 세상으로 떠날 수 있습니다. 이 기술들이 열어 갈

미래에 대한 기대심과 경외감을 담아 테크 트리니티tech trinity, 즉 '기술적 삼위일체'라는 거창한 용어를 붙여 보겠습니다.

그 파급력에 대한 기대감과 우려가 크기 때문일까요? 증권가에서 테크 트리니티 분야는 투자자의 뜨거운 관심과 냉소를 동시에 받고 있는 신기한 분야이기도 합니다. 한쪽에서는 암호 화폐 투기에 열을 올리고, 다른 한쪽에서는 어리석은 짓이라고 비판합니다. NFT 한 개가 수억 원에 거래되는 한편, NFT 구매자들을 이해할 수 없다는 사람도 많습니다. 메타버스 관련 주식에 인생을 거는 사람도 있고, 위험한 투자 전략이라 판단하는 사람도 있습니다.

그렇기에 테크 트리니티 분야에 관련된 제품이나 기업을 사기꾼으로 보는 시선도 있습니다. 실제로 사기를 치는 사람도 많지만, 정말로 유용한 기술을 개발하고 있는 사람들도 많습니다.

현명한 판단이 무엇일지 지금은 알 수 없더라도, 좋은 쪽으로든 나쁜 쪽으로든 뜨거운 관심을 받고 있는 것만은 확실합니다.

블록체인,
사용자 데이터를 안전하게 지키는 방패

블록체인이나 NFT가 왜 메타버스와 연결되는지 그 자체에 대해 궁금증을 가지는 분들도 많습니다. 다양한 해석이 있지만, 그중에서 가장 단순한 시나리오를 살펴보겠습니다.

먼저 블록체인 기술을 바탕으로 구축된 Web 3.0 형태의 메타버스 서비스를 생각해 볼 수 있습니다. 메타버스 서비스는 일종의 온라인 게임과 같은 형태로 운영될 것입니다. 시스템을 유지·보수하고 관리하는 사람들이 있을 것이고, 어딘가에 사용자들의 데이터가 저장되겠죠.

2023년 1월 말, 전 세계 게이머들 사이에서 가장 뜨거웠던 화제는 액티비전블리자드사(이하 블리자드)의 중국 시장 철수입니다. 이 과정에서 중국 게이머들이 가진 월드오브워크래프트WoW 계정 정보와 아이템들이 모두 사라졌습니다. 작업장(돈을 받고 게임을 대신 해 주거나 게임 아이템을 모아 판매하는 형태로 돈을 버는 사업장)에서 일하는 직원들 중 80% 이상이 실업자가 될 것이라는 전망이 국내 언론에서까지 언급되었습니다. 이들은 대부분 20대에 취직하여 10여 년 이상 다른 사회생활을 하지 않고 게임만 한 사람들이라, 재취업이 어려울 것이라는 예측이었습니다.

만약 WoW가 탈중앙화된 Web 3.0 게임이었다면 어떨까요? 모든 게임 데이터는 사용자 본인에게 소유권이 귀속되어, 훼손되지 않고 안전하게 보전되었을 겁니다. 또 블리자드가 중국에서 철수하더라도 게임의 데이터는 모든 유저들이 블록체인 네트워크 위에서 서로 분산시켜 보관했을 것이고요. 따라서 사용자들의 계정이나 아이템이 사라지는 일은 일어나지 않았을 겁니다. 블리자드 철수 이후에도 누군가가 블록체인 네트워크를 서버 컴퓨터와 연동시키기만 한다면 게임의 운영 자체도 가능했을지 모릅니다.

다시 메타버스 서비스로 돌아와 생각해 보겠습니다. 여러분이 메타버스 세상 속에서 으리으리한 부동산도 사고 멋진 자동차도 샀습니다. 여러분이 보유한 이 아이템들을 팔면 현금으로 큰돈을 벌 수도 있습니다. 그런데 어느 날 메타버스 서비스 운영사에서 갑작스럽게 "다음 달에 서비스가 종료됩니다"라는 공지를 올립니다. 여러분의 심정은 어떨까요?

메타버스는 일정 부분 현실 세계의 기능을 대체하기 위한 목적으로 개발되고 있기 때문에 메타버스 세상 속 재화는 비교적 큰 금전적 가치가 있을 것으로 기대됩니다. 그런데 운영사의 일방적인 통보로 하루아침에 그 가치를 잃게 될 위험이 있다면 곤란하겠죠. 그렇기에 사람들은 Web 3.0 기반으로 메타버스 서비스를 제작해야 사용자들의 가상 자산이 안전하게 보관될 거라 여기는 것입니다.

도덕적 해이를 예방하는 장치

Web 3.0 기반 서비스는 일부 참여자가 마음대로 내용물을 수정하거나 정보를 왜곡할 수 없다는 장점도 있습니다.

오래전부터 인기 있는 온라인 게임 속 아이템은 공공연히 현금으로 거래되어 왔습니다. 유명 게임의 희귀 아이템이 현금으로 1억 원이 넘니 마니 하는 얘기가 뉴스에서 보도되기도 했지요. 그런데 만약 게임 운영진 중 한 명이 나쁜 마음을 품고 1억 원짜리 아이템을 마음대로 복제하여 판매한다면 어떻게 될까요? 사실상 개인에게 현금을 찍어 낼 권한이 생기는 것이나 다름없는 일입니다. 혹은 위조화폐를 만드는 것과도 같지요.

화폐란 전 국민, 나아가 세계 경제 공동체 사이의 신용으로 형성되는 재화입니다. 만약 개인이 화폐를 마음대로 찍어 낼 수 있다면 사회 전체가 피해를 입게 됩니다. 일개 온라인 게임 운영사의 도덕적 해이에도 의외로 많은 사람들이 타격을 입으니 말이죠.

이를 방지하기 위해 우리나라 법원은 일관된 기조로 게임 아이템의 현금 가치를 인정하지 않고 있습니다. 게임 아이템을 제작하기까지 들어간 노력을 비용으로 인정해 줄지언정, 게임 아이템은 현실 세계의 가치를 가지면 안 된다고 보고 있습니다. 만약 게임 속 재화가 현실 세계로 나와 경제적 가치를 가질 경우 규제를 당합니다.

다시 메타버스 세상으로 돌아와 보겠습니다. Web 3.0 세상에서 누군가 기존의 아이템 생성 내역을 조작하여 아이템을 복사하려면 전체 블록체인 네트워크의 51%를 장악해야 합니다. 전 세계 사람들이 사용하는 서비스에서 51%의 사용자 계정을 동시에 해킹해 마음대로 조종

하는 것은 불가능에 가깝지요.

따라서 탈중앙화된 인터넷은 메타버스 시대에 공정한 자산의 축적과 운용을 위한 도구로 사용될 거란 기대를 받고 있습니다. 여기까지가 블록체인이 메타버스 산업을 지탱하는 중요한 하나의 축이 된 이유입니다.

현재 국내에서 Web 3.0 시스템을 활용해 아이템 소유권을 사용자에게 넘기는 행위는 불법입니다. 가상 세계의 가치가 현실 세계로 튀어나와 사용자의 재산이 될 수 있다는 거죠. 현재 모든 온라인 게임의 아이템은 게임 운영사가 소유권을 가지고 있으며, 사용자는 이 아이템을 잠시 빌려서 사용하는 것으로 법리가 형성되어 있습니다.

NFT,
데이터의 유일성을 보증하는 장치

현실 세계의 재화는 희소성이 높을수록 높은 가치를 가집니다. 게임 세상 속 아이템도 마찬가지고요. 그런데 어떤 재화가 유한한지 아닌지, 더 나아가 전 세계에 하나뿐인지 아닌지를 어떻게 알 수 있을까요?

현실 세계에서 이는 그다지 어려운 일이 아닙니다. 그 물건이 물리적으로 존재하기 때문입니다. 물체의 크기, 형태, 위치 등의 정보를 인간이 즉각적으로 인지할 수 있으므로 현실 세계에서 어떤 재화의 유한

성을 증명하는 것은 그리 어렵지 않습니다.

하지만 가상 세계에서는 이야기가 달라집니다. 내가 가진 가상 재화가 유한한지 아닌지를 증명하는 수단은 NFT밖에 없습니다. NFT가 없다면, 누군가가 그 데이터를 그대로 복사해 사용할 경우 내 것이 진본인지 입증할 수 없고 유일성을 주장할 수도 없거든요.

게임을 즐기기 위한 도구로 사용하는 대부분 사람들과 달리, 일부는 돈을 벌기 위한 수단으로 접근한답니다. 이를 두고 P2E Play to Earn라고 하는데 돈을 벌기 위해 게임을 한다는 뜻입니다.

이들은 게임 속에 형성된 경제 상황에 굉장히 민감합니다. 그리고 그 관점을 그대로 가져와 메타버스 세상을 해석하기 시작했습니다. 현실 세계에도 사치품이 존재하듯이 메타버스 세상에도 존재할 수 있겠죠? 이때 가상 세계의 데이터가 유한한지 아닌지 증명할 수 있는 수단으로 NFT가 적용될 것이라 생각한 것입니다.

앞서 거론한 간송미술관의 훈민정음 해례본 NFT를 예로 들어 보겠습니다. 개당 1억 원의 NFT 100개가 판매되었다고 말했죠? 여러분이 그 훈민정음 NFT를 샀다고 가정합시다.

가상 세계의 재화를 구매했으면 가상 세계에 전시해야겠지요. 메타버스 세상 속에 박물관을 만들고 훈민정음 스캔본을 전시합니다. 많은 사람들이 입장료를 내고 들어와 전시품을 구경하고, 후기와 별점을 남기고 갑니다.

이 훈민정음 해례본 데이터가 사람들의 이목을 끌 수 있는 이유는 간송미술관에서 직접 한정판으로 제작한 NFT라는 점 하나밖에는 없습니다. 사실 꼭 NFT가 아니더라도 스캔 이미지쯤이야 얼마든지 만들고 복제할 수 있잖아요?

이처럼 메타버스라는 가상 세계를 경제활동의 장으로 생각하는 사람들은 NFT를 활용해 데이터의 유한성과 소유권을 증명하는 일이 경제적 가치를 창출할 것이라 믿습니다. 이것이 NFT가 메타버스와 떼려야 뗄 수 없는 관계가 된 이유입니다.

NFT,
현실 세계의 재화를 가상 세계로

훈민정음 해례본뿐만 아니라, 이 세상에는 온갖 다양한 예술 작품들이 존재합니다. 〈모나리자〉도 있고 〈최후의 만찬〉도 있습니다. 만약 루브르박물관에서 〈모나리자〉를 스캔해서 전 세계에 10개밖에 없는 모나리자 NFT를 출시한다면 얼마에 팔 수 있을까요? 그 NFT를 산 사람이 메타버스 미술관을 열어 전시해 둔다면 몇 명의 사람들이 관람료를 내고 보러 올까요?

이처럼 테크 트리니티 분야를 낙관적으로 바라보는 투자자들은 NFT를 '현실 세계의 자산을 가상 세계에 옮기는 도구'로 생각합니다.

NFT를 활용해 가상 세계로 이동시킨 자산을 활용할 무대가 바로 메타버스이고요.

그런데 재미있는 현상이 있습니다. 2021년 말부터 2022년 사이 메타버스 관련 사업체들은 반대로 된 비즈니스를 전개했습니다. NFT를 활용해 가상 자산에 실물 가치를 부여하는 방식을 제안하며 많은 사람들의 이목을 끌었습니다.

가상 세계의 부동산 한 조각을 현금 1만 원 정도에 판매하면서, 이 판매 이력을 전부 블록체인 위에 NFT로 기록해 주겠다던 회사가 있었습니다. 당시 국내에는 뚜렷한 NFT 규제가 없었고 사람들은 어떤 NFT가 수십억 원에 거래됐다는 자극적인 뉴스 보도만 보고 흥분하던 때였지요. 회사는 가상 세계의 부동산을 조금씩 무료로 나눠 주겠다는 자극적인 광고까지 퍼트렸고 사람들은 득달같이 달려들었습니다. 부끄럽지만 저도 그 서비스에 회원 가입을 하고 부동산을 청약했었습니다. 부자가 될 수 있을 줄 알았거든요.

그런데 그 프로젝트는 일주일도 되지 않아 서비스를 종료했습니다. 자회사를 세워 작게 시작했던 서비스가 대박이 나자, 모회사가 자회사를 인수하고 서비스를 새로 구축한다는 이유였습니다. 이 과정에서 NFT에 기록해서 보존된다던 가상 부동산 구매 이력은 모두 초기화되었으며, 운영사를 처벌해 달라는 국민청원까지 올라왔습니다.

탈중앙화되어 투명하게 발행되는 비트코인도 강력한 규제를 받습

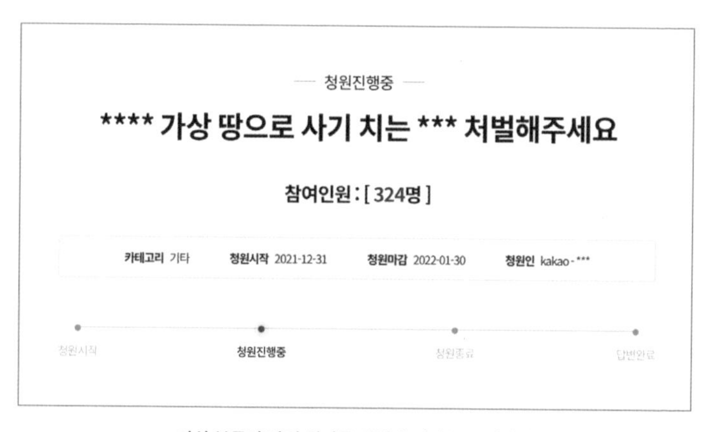

가상 부동산 관련 회사를 처벌해 달라는 국민청원

니다. 그보다 자유로운 가상 부동산을 마음껏 발행할 수 있는 서비스가 규제를 받지 않는다면 그게 더 이상한 일입니다. 따라서 가상 부동산 같은 것의 자산 인정 여부는 행정부와 법원, 그리고 국민의 의견을 한데 모아 심사숙고하여 결정할 문제입니다. 그런데 NFT가 혜성처럼 등장하며 논의를 할 기회조차 없었던 것이 문제였죠. 이런 논란이 벌어질 정도로 NFT는 메타버스 세상 속 경제에 아주 큰 영향력을 끼칠 것으로 예측되고 있습니다.

그래서 메타버스가 뭔데?

메타버스라는 가상 세계가 존재한다는 것은 잘 알았습니다. 블록체인으로 구성된 Web 3.0 인터넷이 가상 세계에 신뢰도를 더한다는 사실도 이해했습니다. NFT가 가상 세계 속 자산의 가치를 확보하는 수단인 것도 배웠습니다.

그런데 도대체 메타버스는 '무엇'일까요?

2021년 말부터 온갖 서비스들이 문을 열며 자기가 바로 메타버스라고 소리쳤습니다. '제페토'나 'VR챗'처럼 3D 그래픽으로 구현된 서비스도 있었고, '게더타운'처럼 2차원 도트 게임 그래픽으로 구현된 서비스도 있었습니다. 또 메타버스를 전격 도입하겠다던 어떤 학원은 3D 세상 속 영화관 스크린에서 강의 영상을 재생하는 단순함으로 비웃음을 사기도 했습니다. 여기저기서 난리였지요. 이렇게 다양한 꼴이 있는데, 메타버스란 한마디로 뭐라고 설명해야 맞을까요?

20년 전에는 지금보다 훨씬 엄격한 기준으로 메타버스를 정의했습니다. 2003년경 컴퓨터 공학 연구자인 크리스토퍼 제인스는 VR 플레이용도로 많이 사용되는, 머리에 쓰는 디스플레이 장치인 HMD가 아니라 빔 프로젝터를 활용한 메타버스 기술[6]을 소개했습니다. 손바닥만 한 디스플레이를 머리에 쓰고 사용하는 것이 아니라 방 전체를 통째로 가상 세계로 만드는 방식입니다.

현재 서비스 중인 여타 메타버스 서비스들과는 많이 다른 모습입니다. 제인스는 메타버스를 정의하며 아래와 같은 세 가지 조건을 제안했습니다.

1. 몰입형immersive 환경이어야 한다.

2. 자동으로 화면 조정이 가능해야 한다.

3. 네트워크로 연결되어 있어야 한다.

몰입형 환경이란 사용자가 시각을 비롯한 감각 기관을 활용해 마치 현실 세계처럼 체험할 수 있는 환경을 의미합니다. 1인칭 게임을 뜻하는 FPSfirst-person shooter 게임은 대부분 1번 조건을 만족합니다.

제페토

이프랜드

로블록스

샌드박스

자동으로 화면을 조정한다는 이야기는 사용자가 가상 환경 속에서 움직이거나 시선을 이동할 경우 화면이 그에 맞춰서 자동으로 변해야 한다는 뜻입니다. 예를 들어 고개를 오른쪽으로 돌리면 화면도 자연스럽게 오른쪽에 위치한 풍경을 보여 주는 방식입니다.

세 번째 조건은 어렵지 않지요? 인터넷으로 연결되어 있어야 한다는 뜻입니다. 제인스의 구분에 따르면 메타버스라고 부르기에 모자란 서비스가 더러 있습니다. 예를 들어 게더타운은 1번 조건을 만족하지 못합니다. 또 제페토, 이프랜드, 로블록스, 샌드박스 등의 서비스도 사용자 자신의 캐릭터가 화면에 표시되는 3인칭 시점으로 플레이할 경우 1번 조건을 만족하지 못합니다. 1인칭 시점으로 VR 장비를 활용하며 플레이할 경우에는 몰입형 환경이라는 조건을 만족할 수 있지만요.

이처럼 20년 전에 비해 요즘은 메타버스의 조건이 훨씬 너그러워졌다고 할 수 있습니다. 다만 모든 메타버스 서비스들이 공통적으로 준수하는 조건이 있습니다. 바로 3번 조건입니다. 요즘 시대의 메타버스는 온라인상에서 사람과 사람 사이를 연결해 주는 도구 정도로 그 의미가 통하고 있습니다. 제페토에서 만나든 메이플스토리에서 만나든 사람들이 온라인에서 소통할 수 있다는 점은 똑같습니다. 그러면 메이플스토리도 메타버스인가요?

뭔가 이상하지 않나요? 그러면 모든 온라인 게임이 메타버스 아닌가요? 게임 업계에서는 이와 같은 논리로 메타버스 산업에 대해 맹공을 퍼부었습니다. 그런데 의외로 전문가들은 이에 반박하기보다는 수긍하는 분위기입니다.

"맞습니다. 게임도 메타버스죠. 가상 세계에 몰입하여 시간을 보내고, 소통할 수 있으며, 현실 세계처럼 즐거움을 느낄 수 있잖아요?"

어째 분위기가 약간 이상해집니다. 결과적으로 메타버스는 일종의 온라인 게임이라 볼 수도 있는데, 재미만을 추구하기보다는 온갖 유용한 기능들도 쓸 수 있으며 경제활동도 가능한 공간이라 생각하면 될까요? 일단 저는 그렇게 생각하기로 했습니다.

메타버스가 정말로 세상을 바꿀까?

'가상현실 게임 소설'이라는 웹 소설 장르를 아시나요? 가상현실 게임 속에서 진행되는 이야기를 담은 판타지 소설 장르 중 하나입니다. 이 장르의 특징은 모든 사람들의 집에 가상현실 캡슐 한두 대쯤은 있고, 다들 현실 세계보다 가상 세계에 더 많은 노력을 기울인다는 점입니다.

대부분의 소설에서는 그런 세상이 된 이유를 설명하고 있습니다. 세계 최고 규모의 대기업이 만들어 빠르게 보급했다든가, 가상현실 속에서의 경제활동이 현실 세계의 경제활동과 비슷한 규모로 성장했다든가 하는 식입니다.

메타버스 산업을 지나치게 긍정적으로 바라보는 분들은, 이와 같은 미래가 언젠가 인류에게도 찾아올 것이라 전망합니다. 특히 특이점 이후에 말입니다.

특이점이 찾아오면 현실 세계에서 인간이 AI보다 더 큰 경제적 가치를 창출하는 것이 더는 불가능해집니다. 그렇다고 집에 누워만 있다 보면 삶이 무기력해지겠죠. 그래서 모두가 인공지능이 발명한 가상 세계에 접속해 시간을 보낼 것이라는 예측까지 나옵니다. 이런 예측이 현실이 된다면, 메타버스라는 가상 세계의 가치는 지금보다 훨씬 월등한 위치에 도달할 것입니다. 국경과 관세라는 벽이 있는 현실 세계의 경제에 비해 훨씬 더 큰 규모의 이동이 일어날 수도 있고요.

과연 우리가 현실보다도 가상에서의 삶을 소중하게 생각할 날이 올까요? 학교생활보다 게임에 더 몰두하는 친구들은 저도 숱하게 보아 왔으니 아주 허무맹랑한 이야기는 아닌 것 같습니다.

AI로 감시하고 통제하는 사회로

[기술 발전과 사생활 감시]

감시 사회를 뒷받침하는 첨단 기술

2021년 겨울부터 2022년 봄 사이, 경복궁 옆에 위치한 국립현대미술관에서는 설치미술가 아이 웨이웨이의 특설 전시가 열렸습니다. 아이 웨이웨이는 중국 정부 주도의 감시 사회에 대한 불만과 자유에 대한 열망을 주제로 작품 활동을 이어 가고 있는 예술가입니다.

특히 수십 평 공간을 가득 채운 작품 〈라마처럼 보이지만 사실 알파카인 동물(2015)〉은 중국 공산당이 반정부적 인사를 색출하기 위해

CCTV를 이용하고 인터넷을 검열하며 차단하는 행태를 고발하고 있었습니다.

전시회장을 거닐다 보니 이런 대화가 들렸습니다. "대체 정부의 감시가 얼마나 심하기에 이런 작품을 만들었을까?" 저도 공감하는 바였습니다. 여기서 이념이나 정치적인 부분을 완전히 배제하고 바라보자면 중국 정부가 도입한 감시 체계들은 하나같이 첨단 기술들로 구성되어 감탄이 나올 지경입니다. 그중에서도 안면 인식과 관련된 기술력이 대단합니다.

이 장에서는 기술 발전이 불러온 불안한 미래에 대하여 얘기해 보려고 합니다.

불온한 데이터 수집

안면 인식 기술은 딥러닝과 함께 급속도로 발전해 온 영역입니다. 현재의 기술 수준은 우리의 상상을 초월하며, 많은 부분에서 인간보다도 뛰어난 성과를 보이고 있습니다.

예를 하나 들어 보겠습니다. 중국 정부는 AI 안면 인식 기술을 활용해 연쇄살인마를 체포하는 데 성공했습니다. 1996년부터 1999년까지 4년에 걸쳐 총 7명을 살인한 연쇄살인마 라오룽즈는 20년 동안 도피 생활을 했습니다. 수배 중이었기에 성매매로 돈을 벌며 숨어 살던 그녀는 결국 CCTV와 연동된 인공지능의 활약으로 체포당하고 사형선고를 받았습니다.

예를 더 들어 볼까요? 중국 정부는 관객 5만 명이 들어찬 홍콩 스타 장학우의 콘서트장에서 범죄자의 얼굴을 AI로 특정하여 체포한 적도 있습니다. 또 시신을 훼손한 중범죄자의 얼굴을 안면 인식 기술로 특정하여 체포한 적도 있고요.

제가 자꾸 중국의 예시를 드는 데는 이유가 있습니다. 중국은 안면 인식 기술을 정부 차원에서 적극적으로 확대한 나라거든요. 코로나19 팬데믹 이후 중국 학생들은 교문 앞에서 카메라에 얼굴을 인식해야 등교할 수 있습니다. 또 청소년의 게임 이용 시간 제한을 위해 안면 인식으로 본인 인증을 해야 게임 접속이 가능하고요.

중국은 무려 6억 대의 CCTV를 활용해 14억 국민의 얼굴과 걸음걸이 등의 데이터를 수집하고 관리하고 있습니다. 이 감시망의 이름은 톈왕입니다. 중국의 한 일간지에 따르면, 하늘의 그물이라는 뜻을 가진 톈왕이 중국 전체 인구인 14억 명을 스캔하는 데에는 1초밖에 걸리지 않는다고 합니다.

놀라기엔 이릅니다. 중국은 신생아의 혈액형과 DNA 정보까지 수집한 데이터베이스 구축을 논의 중이라고 합니다. 빅 브러더(조지 오웰의 소설 『1984』의 등장인물로, 베일에 싸인 채 모든 것을 감시하고 통제하는 독재자) 그 자체지요.

전 국민의 데이터를 감시하다가 불온한 움직임을 보이는 사람을 찾아내는 것. 중국 정부는 4차 산업혁명의 기술들을 적극적으로 활용해 국민을 통제하고 있습니다. 그런데 문득 드는 생각이 있지요? 혹시 이것이 국민의 기본권 침해는 아닐까 하고 말입니다.

물론 이는 중국만의 문제는 아닙니다. 우리나라 정부 역시 인터넷 통신의 표준인 HTTPS 통신 과정에서 데이터 일부인 헤더의 패킷을 해킹하여 전 국민의 인터넷 사용을 감시하고 있습니다. 인터넷 검열감시법에 따라 카카오톡과 인터넷 커뮤니티 등의 콘텐츠를 검열하고 있기도 합니다.

이 검열의 경우 AI를 활용합니다. 그런데 AI를 정부 측에서 운영하는 것이 아니라 서비스 운영진이 사비를 들여 서버 컴퓨터를 구매하고, 이 위에 정부가 제공하는 AI 소프트웨어를 설치하여 운영하도록 강제하여 갈등이 빚어지기도 했습니다. '검열당하는 것도 억울한데 비용까지 민간이 부담해야 하느냐' 하고 사기업들은 불만이 많습니다.

감시 체계 강화는 우리나라나 중국에서만 일어나는 현상은 아닙니다. 생각보다 많은 국가들이 첨단 기술을 활용하여 국민을 감시하고 통제하려 시도하고 있을 것이 분명하거든요. 이런 상황에서 우리 개인의 프라이버시를 지키는 방법은 없을까요?

AI로 만든 최강의 창, AI로 만든 최강의 방패

인권을 침해할 여지가 있는 AI의 인식률을 저하시키는 연구는 활발하게 진행 중입니다. 컴퓨터비전 및 패턴인식 콘퍼런스CVPR나 표현학습 국제학회ICRL 등 유력한 국제 학회에서도 심심찮게 논문이 발표되고 있습니다.

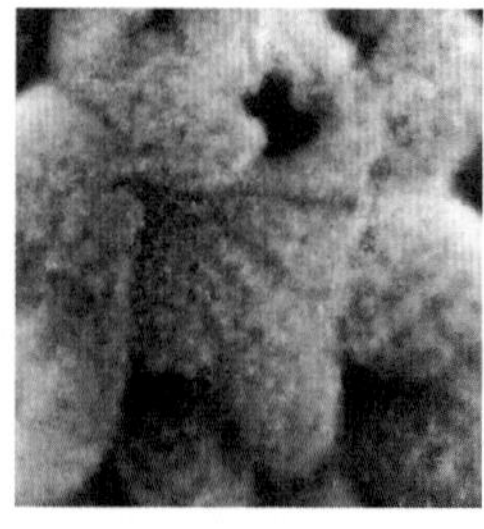

위와 같은 무늬가 인쇄된 종이를 들고 있으면 인공지능이 사람을 인식하지 못한다.
(MIT License / https://gitlab.com/EAVISE/adversarial-yolo/-/tree/master/saved_patches?ref_type=heads)

이 그림은 AI를 무력화시키는 공격용 이미지입니다. 위 이미지를 인쇄하여 손에 들고 있으면, AI에게 인식되지 않습니다. 마치 투명인간처럼 말이죠.

여기에 착안해 현대미술 작가인 잭 블라스는 얼굴 무기화 슈트facial weaponization suite라는 작품을 만들기도 했습니다. 다양한 형태의 가면으로 만들어진 작품인데, 이 가면을 쓰고 돌아다니면 안면 인식 AI에 탐지되지 않는다고 합니다.

어쩌면 머지않은 미래에 우리에게 벌어질 일이 아닐지 걱정됩니다. AI의 인식을 방해하는 무늬가 인쇄된 옷을 입고 가면을 쓴 채 집밖을 나서게 되지 않을까요?

여러분이 해결해야 할 숙제

오늘날 우리가 누리는 인권이 제도화되기까지 비슷한 역사가 반복되었습니다. 기득권은 점점 더 많은 것을 원하고, 견디다 못한 민중은 어느 순간 저항을 시작합니다. 저항의 형태는 시위일 때도 있고, 무력 행동일 때도 있고, 공식 석상에서 견해를 발표하는 행위일 때도 있었지요.

여기에는 한 가지 공통점이 있습니다. 다수의 사람이 함께 움직일 때에만 기득권과 대화할 수 있는 기회가 열렸다는 점입니다. 정부의 무분별한 데이터 수집과 AI를 활용한 통제 역시 같은 단계를 밟고서야 해결점을 찾을 수 있을 것입니다. 자칫 위험할 수 있는 첨단 기술이 인권 보호와 양립할 수 있는 방안을 찾아가야겠죠?

사회적 합의가 자리 잡기 전까지 어떻게 스스로를 보호할 수 있을지 생각해 봐야겠습니다. 어떻게 하면 우리의 고유 데이터를 지켜 낼 수 있을까요?

물론 금방 해결할 수 있는 문제도 아니고, 뾰족한 답이 있는 것도 아닙니다. 기술적 · 정책적으로 무분별한 데이터 수집을 막아 내고 개인을 보호하는 일은 여러분이 앞으로 사회에 진출해서 해결해 나가야 할 숙제일지도 모르겠습니다.

AI 시대 사법 시스템의 변화

[사법의 미래]

AI가 법조계에 스며들 수 있을까?

2022년 3월 대법원 사법정책연구원에서는 '인공지능과 사법의 미래'를 주제로 한 '미래 사법 라운드 테이블 세미나'(https://www.slideshare.net/ssuserd66df4/2022-ai)가 개최되었습니다. IT 전문가의 강연이 끝난 뒤 많은 법조인들은 적극적인 질문 공세를 퍼부었습니다. 사법부가 미래 정책을 수립하는 데 인공지능을 주시하고 있다는 점을 시사하는 듯했습니다.

이렇게 설명할 수 있는 이유는 회의에 참석한 외부 전문가가 바로 저였기 때문입니다. 지금부터 법률 AI라는 주제와 깊게 연관된 네 가지 영역인 공학계, 인문학계, 법조계, 그리고 일반인의 입장을 살펴보고 사법의 미래에 대한 생각을 나누어 보도록 하겠습니다.

공학계의 입장

공학계는 법률 AI를 독립적인 연구 분야로 생각하기보다는 자연어 처리NLP나 영상처리vision의 하위 주제 정도로 바라보고 있습니다. 특히나 이미 연구 중인 인공지능의 성능을 검증하거나 시험하기 위한 테스트베드로서 법률 분야에 접근하는 연구자가 많습니다.

이유는 이러합니다. 인공지능을 연구하려면 대규모의 데이터가 필요합니다. 그런데 법전부터 법원의 판결문까지 사법과 관련된 문서는 대부분 대중에게 공개되어 있고 저작권이 없어 누구나 자유롭게 활용 가능한 자료입니다. AI를 연구하는 학자 입장에서는 굉장히 유용한 데이터라고 할 수 있지요.

실제로 저도 영어 NLP를 연구할 때 가장 먼저 떠올린 자료가 미국 대법원의 판결문입니다. 자료의 특성상 문장과 단어의 난이도가 높고 오류가 거의 없는 데다가 무료로 공개되어 있기 때문이지요. 덕분에 법률 자체에는 별로 관심이 없는 학자들도 법조계의 데이터를 활용해 연구를 진행하는 경우가 흔합니다.

인문학계의 입장

법학을 포함한 인문학계에서는 인공지능의 파급효과를 과소평가하거나 과대평가하는, 극단으로 치우친 견해가 자주 발표되고 있습니다. 그래서일까요? 규제에 대한 논의와 활용 방안에 대한 논의 각각이 매우 활발한 편입니다.

그중에는 AI를 마치 인격체처럼 바라보는 견해도 있어 재미있습니다. 인공지능의 '행위능력'이나 '책임능력'을 논하는 논문마저도 발표되어 있으니 말입니다. 행위능력이란 법률적인 행위를 할 수 있는 능력을 말합니다. 예를 들어 미성년자의 경우 행위능력이 없다고 간주해 미성년자가 맺은 계약을 법정대리인인 부모가 일방적으로 취소할 수 있습니다. 책임능력은 행동이나 사물의 옳고 그름을 판단할 수 있는 능력을 말하는데 14세 미만의 아동, 청소년은 책임능력이 없는 걸로 간주해 형사처벌을 받지 않지요.

일부의 이야기이긴 하지만 공학자들은 인공지능을 세탁기나 청소기와 같은 유용한 도구로 인식하는 반면, 인문학자들은 인공지능을 가상의 인간에 가깝게 바라보고 접근한다는 점에서 차이를 느낄 수 있었습니다.

AI의 도래로 인문학계가 겪는 가장 큰 어려움은 판례가 부족하다는 점입니다. 현행법이 포괄할 수 없는 사건은 과거 판례의 견해를 따르는 것이 일반적입니다. 그런데 AI와 관련된 사건은 판례도 별로 없고 법률 자체에도 구멍이 있으므로 실무에서 발생하는 AI 관련 분쟁을 해결하기가 쉽지 않습니다.

그러므로 대법원이 나서서 교통정리를 해 주는 것이 우선으로 보입니다. 대법원의 판결은 분쟁 해결의 중요한 기준이 되어 1심과 2심 판결은 웬만하면 대법원의 판결을 따라가는 경향이 있습니다. 강력한 권위를 가진 대법원이 나서기 전까지는 하급심에서 나름의 타당한 논리를 세워 판결을 하더라도 높은 확률로 항소가 제기될 것이고, 분쟁 해결에 불필요하게 긴 시간이 소요될 것입니다.

한 건의 소송이 오랜 기간을 잡아먹는다면 해소되는 분쟁의 개수는 필연적으로 줄어들게 됩니다. 소송을 신속하게, 낮은 비용으로 처리해야 한다는 소송경제의 공익성을 따르려면 법 개정이나 빠른 입법을 통해 해결해야 할 문제로 판단됩니다.

법조계와 일반인의 입장

법률 시장에서는 인공지능을 강력한 마케팅 수단으로 활용하고 있습니다. AI 덕에 승소 가능성이 올라갈 수 있을지가 초미의 관심사이기 때문입니다. 의뢰인이 처한 상황을 알려 주면 인공지능이 승소 가능성을 진단해 주고, 또 승소하기 위한 전략을 설계해 주는 모습을 상상해 보세요. 분쟁을 겪고 있는 사람들에게 수요가 있겠지요?

로펌에서는 이런 수요를 겨냥해 사용자들을 끌어모으기 시작했습니다. 이왕이면 AI 상담을 제공하는 로펌에 사건을 의뢰하는 사례가 늘고 있다고 합니다. 인공지능에 대한 관심도가 우리보다 높은 해외 로펌에서는 이미 인공지능 변호사를 도입하여 내부 업무를 처리하고 있기도 합니다.

우리나라의 한 법무법인에서도 아시아 최초로 인공지능 변호사를 도입해 화제가 된 적이 있습니다. 특히 정식 변호사가 되기 전 수습 과정을 거치고 있는 수습변호사들을 대신해 판례를 정리하거나 계약서의 독소 조항을 분석하는 업무를 순식간에 처리한다고 합니다.

일반인 입장에서는 AI 변호사의 등장이 소송비용의 절감으로 이어질 거라는 기대를 품어 볼 만합니다. 보통 변호사 선임 비용은 꽤 높은 편입니다. 하지만 변호사의 업무 일부를 인공지능이 대신한다면 소송비용이 내려갈 수 있겠지요. 이에 따라 3,000만 원 이하의 소액 사건에서는 수요가 크게 증가할 가능성이 있어 보입니다.

AI 판사도 등장할까?

판사의 일까지 AI가 대신할 수 있을지 또한 궁금증을 자극하는 대목입니다. 하지만 무분별하게 인공지능 판사를 도입할 경우, 오판에 대한 위험성이나 윤리적인 측면에서 문제 제기를 받을 수도 있는 상황입니다. 따라서 아직 AI 판사와 같은 파격적인 도입에 대해서는 많은 법조인들이 부정적인 입장입니다.

하지만 업무 중 일부는 인공지능이 대체할 수 있을 거라 기대하는 법조인들도 있습니다. 예를 들면 하나의 소송을 처리할 때 분쟁과 관련된 법조문이나 과거의 판례 등을 수집하는 과정은 꼭 필요합니다. 이것을 AI가 도와준다면, 인간은 아마 조금 더 오랜 시간을 판결의 논리와 정의에 대해 고민하는 데 할애할 수 있을 겁니다. 그러면 억울한 판결이 발생할 확률도 줄어들지 않을까요?

사법의 미래는 어떻게 될까?

사람 한 명이 처리할 수 있는 업무의 질과 양에는 한계가 있습니다. 업무의 속도와 완성도는 보통 반비례 관계에 있습니다. 업무를 빠르게 처리하려 할수록 완성도는 떨어지고, 완성도를 높이려 할수록 속도는 떨어집니다. 이 곡선을 업무 커패시티capacity(수용능력) 곡선이라 부르겠습니다.

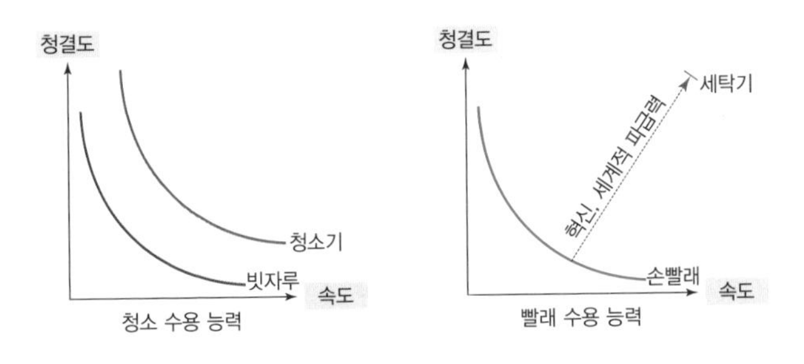

도구의 도입으로 인한 업무 수용 능력의 변화를 나타내는 그래프

이때 등장하여 업무 처리 역량 자체를 바꿔 놓는 것이 바로 도구의 역할입니다. 청소기를 활용하면 빗자루에 비해 훨씬 빨리 더 깨끗하게 만들 수 있습니다. 도구의 도입으로 인해 업무 커패시티 곡선이 훨씬 위로 이동한 것입니다.

반면 세탁기는 업무 커패시티 곡선을 부숴 버렸습니다. 세탁기에 옷을 넣고 버튼을 누르는 것으로 업무가 모두 끝났기 때문입니다. 세탁기가 돌아가는 동안 굳이 기계를 조작하거나 기다릴 필요는 없잖아요? 이와 같이 업무 커패시티 곡선을 파괴해 버리는 기술적 진보를 저는 혁신이라 정의합니다.

당장 AI가 사법계에 도입되면 사법계의 업무 커패시티 곡선이 위로 이동할 것입니다. 훨씬 객관적이고 구체적으로 사람들의 억울함을 풀어 주면서도 소송에 소요되는 시간과 비용은 크게 줄어들 것입니다.

나아가 법조계에서도 커패시티 곡선을 파괴하여 소송의 패러다임

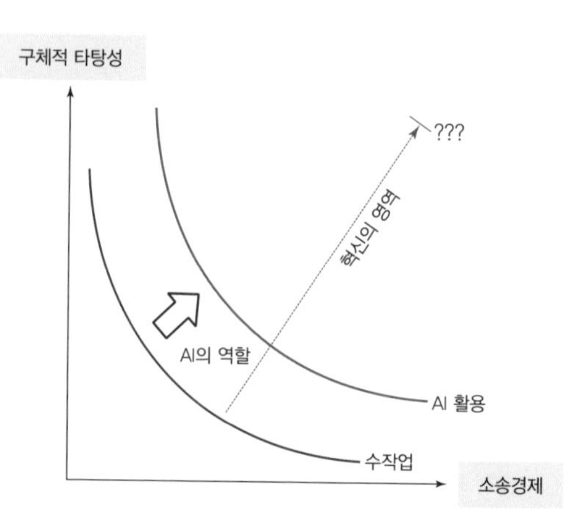

법조계에서도 AI를 활용하여 소송의 패러다임을 바꿔 버릴 혁신이 곧 등장할지도 모른다.

을 바꿔 버릴 혁신이 등장할 수 있을지 상상하면 제 마음은 두근거립니다. 어떤 형태의 기술일지, 혹시 ChatGPT가 그 역할을 수행할 수 있지는 않을까 하는 생각으로 말입니다.

이 글을 읽고 계실 독자 여러분이 나중에 그런 기술을 발명해 내지는 않을까요? 제가 꿈꾸는 미래에 여러분도 항상 있다는 것을 잊지 마세요!

IT와 연관성이 낮은 분야에서도 AI를 쓸까?

그렇습니다. IT 산업과 관련이 적은 분야에서도 인공지능은 정말 많이 사용됩니다. 본문에서 다룬 농업 분야가 대표적입니다. 최근 서울대학교나 농촌진흥청 등 국내 최고 수준의 농학 박사들이 몸담은 기관에서도 딥러닝을 활용한 기술들을 활발하게 발표하고 있습니다. 현장에도 농업용 AI 기계장치가 많이 출시되었고요. AI 농업은 특정 집단에서만 일어나고 있는 현상이 아니라 전방위적으로 벌어지는 현상입니다.

사실 전문가들은 인공지능을 유용한 도구로 바라봅니다. 데이터를 분석하는 데 AI가 정말 폭넓게 사용되고 있거든요. 사회현상이든 물리현상이든, 실험실 속의 데이터든 현장에서 수집된 데이터든 가릴 것 없지요. 대량의 데이터로부터 패턴을 수집하고, 이로부터 현실 세계의 진리에 도달하는 것은 AI가 가장 잘하는 일이거든요.

일반 회사의 업무에서도 마찬가지입니다. 거의 모든 사무직 종사자들은 자신도 모르는 사이 인공지능을 사용하고 있습니다. 엑셀, 파워포인트, 워드 등 MS Office 365 제품군에는 이미 오래전부터 인공지능이 탑재되어 사무 업무 효율을 높여 주고 있었습니다.
AI의 도움을 받아 작성된 문서가 사회의 다양한 곳에서 힘을 발휘하고 있으며, 이를 통해 실현된 정책이나 기획안 덕에 여러분도 크고 작은 혜택을 받았는지 모릅니다.
컴퓨터가 보급화되기 전에는 "전문직도 아닌데 업무에 컴퓨터를 사용할 일이 생길까?"라는 의견이 흔했습니다. 아이폰이 처음 등장했을 때에도 "스마트폰은 정말 스마트한 사람이나 쓰는 것이다"라는 목소리가 컸죠. 2010년에 〈재밌는 TV 롤러코스터〉라는 예능 프로그램에서는 샐러리맨이 스마트폰으로 주식을 확인하거나 문서를 인쇄하는 모습을 신기하다는 듯 연출한 장면이 나오기도 했습니다.
인공지능의 등장 역시 비슷한 맥락으로 흘러갈 것 같습니다. 모든 분야, 모든 산업 종사자들이 당연하게 AI를 사용하는 시대가 올 것입니다. 그리고 "AI가 과연 우리 분야에서도 쓰일까요?"라며 궁금해하는 사람들의 모습을 오히려 신기하다고 여기게 되겠지요.

[나가며]

4차 산업혁명을 말할 때 우리가 해야 하는 이야기

일상과 기술 사이에는 괴리가 있다

이 책을 통해 살펴본 기술들은 대부분 '최신 기술'이라고 힘주어 말하기 어렵습니다. 책의 발간 시점으로부터 최소 2년~5년 전에 개발된 기술이기 때문입니다. 다만 그 기술들이 큰 영향을 발휘하는 시점은 지금이거나 혹은 가까운 미래일 겁니다. 업계의 전문가들이 접하는 최신 기술과 일반인이 체감하는 기술적 파급효과에는 간극이 있습니다. 때로는 이 간극이 영원히 메꿔지지 않는 경우도 있고요. 그런데 이 간극은 어떤 측면에서는 꼭 필요한 것이기도 합니다.

예를 들어 운전면허가 있는 어른들에게 망치와 쇳덩어리를 쥐어 주고 자동차를 만들어 오라고 하면 아무도 하지 못합니다. 자동차의 설계

방법이나 작동 원리는 이미 한 세기도 전에 만들어졌지만, 보통 사람들에게는 기술적 원리나 제조 방법이 아니라 활용 방법만 전파되었거든요. 우리가 매일 쓰는 컴퓨터와 스마트폰도 마찬가지입니다.

스마트폰을 사용하기 위해 거기에 들어간 모든 기술을 알아야 한다고 하면, 너무나도 피곤하겠죠? 무작정 최신 기술의 원리를 공부하거나 어떤 첨단 기술이 발표되고 있는지 실시간으로 추적할 필요는 없다는 얘기입니다. 참 다행이지요.

그럼에도 4차 산업혁명에 관심을 가져야 하는 이유

새로운 기술이 등장한 초창기에는 일반인이 이해할 수 있는 그럴싸한 응용 사례가 별로 없습니다. 따라서 과학자들이 하는 설명이 뉴스를 타고 세상에 퍼지게 마련입니다. 그런 이야기는 대부분 같은 과학자들을 위한 내용이지, 대중을 위한 설명은 아닙니다. 그렇기에 딥러닝이니 블록체인이니 하는 신기술 얘기에 우리는 피로감을 느끼게 되고, 처음 보는 기술 관련 소식이 들려오면 무의식적으로 귀를 닫게 됩니다.

하지만 이제 특이점은 지척까지 다가왔습니다. 우리가 기술의 내용을 하나하나 이해하지는 못하더라도, 스마트폰의 사용법을 익히고 운전면허를 따듯이 신기술을 활용하는 방법 정도는 알아야 하지 않을까요? 앞으로의 세상에 무사히 적응하기 위해서 말입니다.

어른들도 이런 질문을 많이 합니다. "저는 그냥 사무직인데 왜 4차 산업혁명의 어려운 기술을 알아야 하나요?"

그럴 때 저는 이렇게 답변합니다. "여러분이 여행 계획을 짤 때를 생각해 보자고요. 자동차를 조립하는 방법은 안 배우더라도 차를 타고 여행하는 경로 정도는 계획하잖아요? 그 정도면 충분히 여행이 편해지니까요. 여러분이 회사에서 회의를 할 때 '그 부분은 요즘 인공지능으로 가능하니 써 봅시다'라는 의견을 낼 수 있으면 좋겠습니다. 분명 일하는 데 도움이 될 겁니다. 어차피 인공지능을 실제로 제작하는 것은 기술자들이 할 일이고요."

첨단 기술에 어떻게 접근해야 할까?

하루가 다르게 쏟아져 나오는 첨단 기술을 우리는 어떻게 바라봐야 할까요? 만약 자동차와의 달리기 경주에서 이기겠다며 매일 훈련하는 사람이 있다면 어떨까요? 저라면 무의미한 일에 쏟는 힘이 아깝게 느껴질 것 같습니다. 자동차와 속도 경쟁을 하는 대신에 면허증을 따고 저렴하면서도 성능 좋은 자동차를 구매하기 위해 카탈로그를 살펴보고 있겠지요.

4차 산업혁명의 기술들도 마찬가지입니다. 인공지능과 경쟁하기보다는 그것을 일상에서 능숙하게 활용하려면 어떻게 해야 할지 고민하는 편이 훨씬 바람직해 보입니다. 나아가 내 경제적 상황을 고려해 무리 없이 쓸 수 있는 인공지능 솔루션은 어떤 것들이 있는지 따져 보는 것도 좋겠지요.

미래에 대비하기 위한 목표 설정

과거의 회사에서는 "어렵게 엑셀을 왜 배우냐, 숙달된 손으로 하는 게 더 빠른데."라는 소리를 들으며 일한 사람들도 있었습니다. '컴퓨터가 있는데 왜 핸드폰으로 인터넷을 하려고 하냐'며 의아해하던 사람들도 지금은 스마트폰을 쓰고 있겠지요. 변화의 흐름, 시대의 흐름은 개인이 막아설 수 없습니다. 그리고 이런 세상에서 빛나는 가치를 창출해 내려면 4차 산업혁명의 여러 분야에 대한 지식이 필요합니다. 여러분이 사회에 진출하여 어떤 프로젝트를 기획할 때, 회사에 취직해서 일을 할 때, 컴퓨터로 사무를 볼 때를 생각하면 더욱 그렇습니다. 몇 년만 지나도 인공지능을 사용하지 않으면 업무 자체가 굴러가지 않을 테니까요. 엑셀을 배우지 않으면 직장에서 설 곳이 좁아졌던 과거처럼 말입니다.

모두가 컴퓨터공학자를 꿈꾸며 IT 기술을 공부해야 한다는 이야기는 절대 아닙니다. 훨씬 가볍고 단순한 얘기입니다. "어른이 되면 분명 운전할 일도 생길 텐데, 되도록 일찍 면허증을 따 두면 어떨까?" 같은 제안으로 받아들인다면 좋겠습니다.

자동차에도, 청소기에도, 밥솥에도 인공지능이 들어가는 세상이 찾아왔습니다. 이 기술에 대해 알아야 하는 이유가 있다면 바로 '내가 편의를 누리기 위해서'겠죠. 모두 운전면허가 있는 세상에서 나만 운전을 할 줄 모르면 불편하잖아요.

부디 독자 여러분이 적재적소에 도구를 활용할 줄 아는 현명함을 배우길 바라겠습니다.

[인용 출처]

1. Jordan Peterson LIVE at The History of Civil Liberties in Canada Series. 2022.12.17.(https://www.youtube.com/watch?v=MpDW-CZVfq8)
2. Ban, Byunghyun, Donghun Ryu, and Minwoo Lee. “Machine learning approach to remove ion interference effect in agricultural nutrient solutions.” 2019 International Conference on Information and Communication Technology Convergence (ICTC). IEEE, 2019.
3. Ban, Byunghyun. “Deep learning method to remove chemical, kinetic and electric artifacts on ISEs.” 2020 International Conference on Information and Communication Technology Convergence (ICTC). IEEE, 2020.
4. Ban, Byunghyun, Minwoo Lee, and Donghun Ryu. “ODE network model for nonlinear and complex agricultural nutrient solution system.” 2019 International Conference on Information and Communication Technology Convergence (ICTC). IEEE, 2019.
5. Ban, Byunghyun. “Mathematical Model and Simulation for Nutrient-Plant Interaction Analysis.” 2020 International Conference on Information and Communication Technology Convergence (ICTC). IEEE, 2020.
6. Jaynes, Christopher, et al. “The Metaverse: a networked collection of inexpensive, self-configuring, immersive environments.” Proceedings of the workshop on Virtual environments 2003. 2003.